바다는 왜?

바다는 왜?

개정증보판 8쇄 발행일 2022년 8월 19일
개정증보판 1쇄 발행일 2016년 7월 5일
초판 1쇄 발행일 2000년 10월 10일
초판12쇄 발행일 2014년 8월 30일

지은이 장순근 · 김웅서
펴낸이 이원중

펴낸곳 지성사 출판등록일 1993년 12월 9일 등록번호 제10-916호
주소 (03458) 서울시 은평구 진흥로 68, 2층
전화 (02) 335-5494 팩스 (02) 335-5496
홈페이지 www.jisungsa.co.kr
이메일 jisungsa@hanmail.net

ISBN 978-89-7889-319-0 (43450)

잘못된 책은 바꾸어 드립니다. 책값은 뒤표지에 있습니다.

「이 도서의 국립중앙도서관 출판예정도서목록(CIP)은 서지정보유통지원시스템 홈페이지(http://seoji.nl.go.kr)와 자료공동목록시스템(http://www.nl.go.kr/kolisnet)에서 이용하실 수 있습니다. (CIP제어번호: CIP2016015101)」

바다는 왜?

개정 증보판

장순근 · 김웅서 지음

지성사

개정증보판을 내며

『바다는 왜?』가 출간된 지 어느덧 10년이 지나 개정증보판을 발간하게 되었다. 개정증보판에서는 그동안 새롭게 밝혀진 바다와 관련된 사실을 추가로 다루었고, 초판에 실린 내용 가운데 일부는 없애거나 더욱 이해하기 쉽도록 수정하였다. 예를 들어 버뮤다 삼각지대에 대한 이야기는 줄이고, 바다와 기후에 대한 이야기는 수정하였다. 지진해일 이야기를 덧붙이고, 미국과 러시아(이전의 소련) 잠수함에 대한 최신 내용과 외국과 우리나라의 보물선 이야기, '북극과 남극의 바다' 이야기도 추가하였다.

이 책은 한국해양과학기술원(KIOST, 이전에는 한국해양연구원)에서 연구하는 해양학자들의 도움이 없었더라면 세상에 나오지 못했을 것이다. 또한 국립해양문화재연구소와 한국해양과학기술원 부설 극지연구소 연구원들도 큰 도움을 주었다. 한국해양연구소(지금은 한국해양과학기술원) 소장이었던 송원오 박사가 조사한 돈스코이호와 나히모프호에 관련된 자료도 많이 참고하였다.

개정증보판이 나올 수 있도록 도움을 준 많은 분들과 지성사 편집부에 감사의 마음을 전한다.

장순근 · 김웅서

차례_

자세히 알아보기

1장

바닷가에 서서

바닷가 모래알의 비밀

동해안 백사장에 서면 가슴이 탁 트인다. 하얗게 부서지는 파도가 발끝을 간질이고 파란 하늘을 수놓는 갈매기는 우리 꿈을 품고 나는 것 같다. 저 멀리 아득하게 보이는 수평선은 그 너머에 무엇이 있을지 궁금증을 자아낸다.

수평선을 하염없이 보다 보면 문득 발밑의 보드라운 감촉에 놀라곤 한다. 바로 연갈색의 고운 모래 때문이다. 이 많은 모래는 도대체 어디에서 온 것일까. 얼마나 많은 이야기를 간직한 채 여기까지 흘러온 것일까. 이런저런 궁금증이 꼬리에 꼬리를 문다.

동해안 모래알은 처음부터 모래알은 아니었다. 처음에는 산의 큰 바위가 깨진 돌덩이였다. 그 돌덩이가 계곡물을 타고 굴러 내려오며 부딪히고 깨져 더 작은 자갈이 된다. 강물을 따라 바다로 흘러들면서 더 작아지고,

모래알의 크기는 손끝에 겨우 잡힐 만해서 크게는 2밀리미터에서 작게는 64분의 1밀리미터까지이다. 크기가 2~4밀리미터인 알갱이는 왕모래(오른쪽)라고 한다.

파도에 쓸리면서 더 작아져 결국 모래가 된다.

동해안 백사장의 모래 알갱이는 아주 굵다. 태백산맥이 버티고 있는 동해안은 경사가 심해 강물이 급하게 흘러내리고 바다가 넓고 깊으며 파도가 세기 때문에 펄과 가는 모래는 다 없어지고 굵은 모래만 남게 된다. 반면 서해안의 모래는 아주 작고 곱다. 모래가 어찌나 고운지 손에 잡히는 건지 안 잡히는 건지 모를 정도로 보드랍다. 현미경으로 자세히 들여다보면 대부분이 석영 알갱이임을 알 수 있는데 주로 한강과 금강의 강물이 옮겨 온 모래로, 하천의 경사가 급하지 않고 오랜 시간에 걸쳐 먼 거리를 깎이며 내려왔기 때문이다. 또 바다 지형이 험하지 않고 얕아서 파도가 세지 않기 때문에 펄이 많다.

생물이 모래에 영향을 끼치는 경우도 있다. 예를 들면 태국의 푸껫 섬에는 조개 껍데기가 부서져 만들어진 모래사장이 있다. 또 열대 태평양의 해안 곳곳에는 산호초가 부서져 만들어진 모래사장도 있다. 이 밖에도 일본 오키나와 섬에는 아주 작은 단세포 동물의 껍데기가 쌓여서 만들어진 모래사장도 있다.

바닷가에서는 지질이나 지형, 생물에 따라 모래 알갱이를 만드는 물질이 정해지고 파도와 해류의 세기에 따라 모래의 굵기가 결정된다. 그리고 오랜 시간 파도에 깎이기 때문에 강한 광물만 고운 모래로 남는다.

바닷가 모래는 대부분이 석영이라는 광물로 되었다. 왜 그럴까? 다른 광물은 강을 내려오면서 모두 부스러져 없어지기 때문이다. 예를 들어 화강암을 만드는 장석(長石)과 흑운모(黑雲母)는 내부 결합력이 약해 물에 풍화되면 아주 작은 점토 광물이 되어 씻겨 버리고 석영만 남게 된다.

끝이 뾰족한 육각기둥 모양의 석영 결정을 '수정'이라고 한다. 그러나 바닷가 모래 속에 있는 석영 알갱이를 확대경이나 현미경으로 보면 수정과 달리 불규칙하고 날카로운 모양이다. 석영 결정이 수정이라면 원래 모습은 어디로 가고 그렇게 불규칙하고 날카로울까? 그 이유는 석영이 다른 광물보다 나중에 만들어지기 때문이다. 광물이 나중에 만들어진다는 것은 광물 성분이 결정되는 온도가 낮다는 뜻이다. 석영은 먼저 만들어진 광물 사이의 빈틈을 채우느라 자신의 독특하고 고유한 모양을 만들지 못하고 불규칙하게 만들어지는 것이다. 그러나 석영이 다른 광물 성분 없이 수정 성분만 남으면 다른 광물의 방해를 받지 않고 자신의 고유한 육각기둥 모양의 결정이 된다.

그런데 고비 사막이나 아라비아 사막에 있는 석영 모래는 해변의 모래와 달리 동글동글하고 매끈하다. 사막에서는 바람이 강해 모래 알갱이끼리 서로 부딪치고 굴러가면서 닳기 때문이다.

파란 하늘과 푸른 바다, 허연 파도와 검은 바위, 연갈색 모래는 제각각이 아닌 아주 깊은 관계를 맺고 있다.

바닷가 모래알을 자세히 들여다보면 크기가 다 고만고만하다는 것을 알 수 있다. 모래알이 강물이나 바닷물 속에서 비슷한 힘을 받아 계속 움직이면서 크기가 같은 것끼리 모였기 때문이다. 바람에 휘날려 이동하는 모래알도 마찬가지이다. 이처럼 큰 것은 큰 것끼리, 작은 것은 작은 것끼리 나뉘어 모이는 현상을 지질학에서는 '분급(分級)'이라고 한다.

광물이란

자세히 알아보기

국제광물학회가 1995년 규정한 광물의 정의를 보면 광물이란 '지질 과정을 거치면서 만들어진 결정질인 단일 원소나 화합물'을 말하며 다음과 같은 몇 가지 특징이 있다.

광물은 천연으로 만들어진 결정질 물질로 대부분 내부의 원자가 규칙적으로 배열되어 표면이 수정처럼 반듯한 평면이다. 그러므로 온도가 낮아서 언 얼음은 자연에서 만들어져 광물이라고 할 수 있지만, 냉장고 속 얼음은 사람이 만들었기 때문에 광물이 아니다. 또한 광물은 대부분 고체지만 수은처럼 액체로 된 것도 있다. 그리고 호박이나 석유 같은 유기물은 준광물로 따로 구분한다.

광물은 여러 작용으로 만들어지는데 그 가운데 마그마에서 시작되는 경우가 대부분이다. 마그마가 식으면서 그 속에 녹아 있던 성분이 결합해 감람석, 휘석, 각섬석, 회장석-조장석-정장석, 운모, 석영이 차례로 생긴다. 또한 온천수, 지하수, 바닷물에 녹아 있던 성분이 침전하여 광물이 만들어지기도 하는데, 광물학에서는 이를 '결정이 생긴다'는 뜻으로 정출(晶出)이라고 부른다.

지금까지 지상에서 알려진 광물의 종류는 약 4000가지가 넘지만 흔히 발견할 수 있는 광물은 장석, 석영, 각섬석, 휘석, 감람석, 방해석, 운모를 포함한 100종류 정도이다. 우리나라에서 알려진 광물의 종류는 330가지가 넘는다.

방해석

정장석

석영

거센 강물이 바위를 옮기면서 바위가 깨져 돌덩이가 되고, 이 돌덩이가 깨져 큰 자갈과 작은 자갈이 된다. 그리고 이것이 더 작아져 모래 알갱이가 된다(미국 옐로스톤 국립공원).

또한 자갈이나 돌덩이는 물속에서 오랜 시간 비슷한 힘을 받아 함께 움직이면 크기와 둥글기가 비슷해진다. 예를 들면 파도가 센 홍도에는 주먹보다 큰 둥근 자갈로 이루어진 해안이 있고, 파도가 약한 백령도 해안에서는 콩돌이라 불리는 잔자갈을 많이 볼 수 있다. 이 해안을 이루는 콩돌의 경우, 색깔은 여러 가지여도 크기와 동글동글한 정도가 비슷해서 아름답

"파도야 어쩌란 말이냐." 바닷가의 자갈은 오랫동안 파도에 움직이면서 자기네끼리 부딪치고 깎여 동그랗고 매끈하게 되었다(전라남도 소리도).

고 신기하다. 이것은 석영으로 이루어진 바위가 오랜 시간 파도에 부서지고 깎인 결과이다.

하와이의 검은 해변

자세히 알아보기

하와이 섬 남동쪽에 있는 킬라우에아 활화산에서는 30년 가까이 시뻘건 용암이 물 흐르듯 흘러내린다. 킬라우에아 화산 앞 해안의 모래는 잘게 부스러진 용암 모래로 아주 새까맣다. 이는 석영은 없고 주로 휘석이나 각섬석, 감람석, 철광석처럼 진한 초록색이나 검은색 광물과 화산 모래로 되어 있기 때문이다. 용암은 뒤틀리고 깨지고 뜨거운 수증기를 뿜으면서 바다로 흘러 들어간다. 하와이 섬에서 솟아나는 용암은 현무암질로, 유색 광물이 많으며 온도가 섭씨 1200도 정도로 매우 뜨겁고 유동성이 커 잘 흐른다.

하와이 섬은 거대한 화산 5개로 이루어져 있으며, 모두 옛날 로마 군인들의 방패처럼 생긴 순상(楯狀) 화산이다. 섬들은 고도 4000미터가 넘을 정도로 아주 높고

하와이 섬의 검은 해안. 화산에서 흘러내린 현무암질 용암이 바다로 들어가 식으면서 수증기를 뿜는다.

험하지만 멀리서 보면 방패나 접시처럼 보인다.

한편, 일본의 후지 산을 만든 용암은 유문암질로, 가스 함량이 높아 폭발하듯 터져 오르며 허연 바위를 만든다. 용암은 유동성이 적어 잘 흐르지 않고 화산재와 화산 모래가 높이 쌓여 산의 모양이 종처럼 생겼다.

다이아몬드의 원석은 사금처럼 강가나 얕은 바다의 모래 속에서 발견된다. 예를 들어 남아프리카 나미브 사막 서쪽 해안에서는 19세기 후반부터 엄청난 양의 다이아몬드가 나왔고 지금도 생산 중이다.

다이아몬드 원석이 들어 있는 킴벌라이트(Kimberlite)는 새까만 바위로, 깊은 땅속에서 만들어지지만 공기 중에 드러나면 비바람에 깎이고 낮은 곳으로 흘러내려 모래나 자갈 속에 모이게 된다. 이렇게 다이아몬드 원석이 모래 속에 섞일 수 있는 것은 다이아몬드의 비중(比重)이 3.52로, 모래 알갱이의 대부분을 이루는 석영의 비중 2.65와 비슷하기 때문이다. 잘 알려진 대로 다이아몬드는 아주 단단하지만 원래의 결정형을 가지고 있어 동글동글한 알갱이 모양이 된다.

다이아몬드 광산에서 다이아몬드 원석을 분리하는 과정을 보자. 먼저 원석이 있음 직한 자갈과 왕모래를 몇 번 씻어 원석이 섞인 잔자갈과 왕모래를 모은다. 이것은 마치 조리로 쌀을 여러 번 일어 모래 알갱이를 한쪽으로 모으는 것과 같은 원리다. 여러 차례 씻어 다이아몬드 원석이 있음 직한 알갱이들만 골라 모은 다음, 마지막에는 컨베이어 벨트를 지나가는 알갱이들 속에서 사람이 손으로 다이아몬드 원석을 일일이 집어낸다. 다이아몬드 원석의 크기는 작은 경우 콩알만 하고 크면 지름이 1~2센티미터가량 된다. 다이아몬드 원석은 투명하고 햇빛에 비추어 보면 굉장히 반짝거리며 석영보다는 약간 무거워 누구라도 다이아몬드라는 것을 금방 알 수 있다.

다이아몬드 원석이 킴벌라이트에 박혀 있는 경우도 있다. 새까맣거나 진한 초록색 바위에 어울리지 않게 아주 맑고 투명한 작은 광물 덩어리가 박혀 있는데, 그 덩어리가 유난히 반짝거린다면 다이아몬드 원석일 가능성이 높다.

자세히 알아보기

정8면체는 어떻게 생겼을까

다이아몬드 원석은 정8면체이다. 정8면체는 정3각형이 위쪽에 4개, 아래쪽에 4개 붙어 있으며, 꼭짓점이 6개인 형태이다. 다이아몬드 원석은 워낙 깊은 곳에서 높은 압력을 받다가 압력이 낮은 공기 중으로 나왔기 때문에 면이 평평하지 않고 약간 불룩한 경우도 있다. 광물학에서는 이런 결정면을 만곡면(彎曲面)이라 한다. 반지나 목걸이에 사용하는 다이아몬드의 반짝거리는 수많은 면은 사람이 갈아서 만든 것이다.

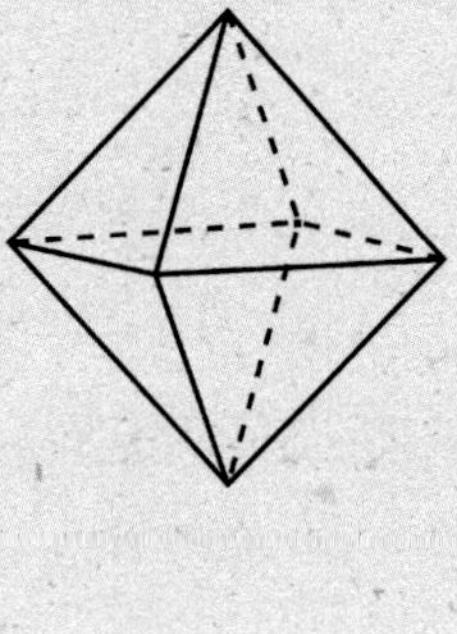

바닷물은 왜 짤까

바다! 하면 가장 먼저 떠오르는 것은 바로 바닷물이 짜다는 사실이다. 소금, 곧 염분이 바닷물에 녹아 있어 짜다는 것을 우리는 잘 알고 있다.

먼저 염분이 무엇인지부터 알아보자. 염분이란 바닷물에 녹아 있는 소금 성분을 말한다. 이 소금 외에도 여러 가지 화합물을 포함하고 있다. 소금과 그 화합물은 양이온과 음이온으로 되어 있다. 예를 들어 소금은 염화나트륨(NaCl)으로 양이온인 나트륨(Na^{+})과 음이온인 염소(Cl^{-})로 되어 있다. 나트륨이나 칼슘(Ca^{++}), 칼륨(K^{+}) 같은 양이온은 바위에서 물로 녹아 나오는 반면, 염소이온이나 황산이온(SO_4^{--}) 같은 음이온은 바닷속에서 분출하는 화산에서 나온다. 강에서 흘러 들어간 양이온이 해저화산에서 생긴 음이온과 합해서 염분이 된다.

여기서 한 가지 알아야 할 것은 물이 증발할 때 염분은 증발하지 않는다는 사실이다. 바닷물은 계속 증발하지만 염분은 증발하지 않기 때문에 모인다. 물론 바닷물만 짠 것은 아니다. 우리나라에는 없지만 남아메리카 파타고니아 지방처럼 건조한 곳에서는 짠물 호수도 있는데, 이를 염호(鹽湖)라고 한다. 이런 곳은 바위에서 염분이 녹아나오고 물이 증발하는데, 오랜 세월에 걸쳐 염분이 점차 농축되어 물이 아주 짜진다. 이러한 호수의 대표적 예는 미국 유타 주의 그레이트솔트 호(湖)이다.

우리나라에는 나지 않는 암염(岩鹽)은 바다가 갇히면서 그 바닷물에 녹아 있던 염분이 굳어져 만들어진다. 물론 암염에는 우리가 먹는 소금 성분만 있는 게 아니고 리튬(Li)처럼 전자 장비에 쓰이는 배터리에 없어서 안

되는 희유금속도 있다. 이 때문에 우리나라는 볼리비아까지 가서 리튬을 개발하려고 한다. 안데스 산맥 한가운데 있는 볼리비아 우유니(Uyuni) 염호 바닥에서 리튬이 많이 나오기 때문이다. 넓이가 전라남도 면적과 비슷한 우유니 염호는 과거에는 바다였지만 안데스 산맥이 솟아오르면서 물은 증발하고 리튬과 함께 소금만 남았다. 끝이 보이지 않는 우유니 염호의 표면은 하얗고 평탄하다. 비가 오면 소금과 리튬이 있는 바위와 지면에 흘러내린 물이 수심 20센티미터 정도가 될 정도로 고이지만 태양이 뜨겁고 공기가 건조해서 금방 말라버린다.

바닷물 속에는 금, 우라늄, 칼슘, 나트륨, 칼륨, 마그네슘을 포함하여 80종에 가까운 광물 성분이 녹아 있다. 그러나 소금을 포함한 몇 가지를 빼고는 녹아 있는 양이 워낙 적어 추출하기가 쉽지 않다. 20세기 전반에 독일은 바닷물 100만 톤에 4그램가량 녹아 있는 금을 추출하기 위해 노력했지만 결국 실패했다. 참고로 바다 전체에는 금이 529만 톤 정도 녹아 있다고 한다.

동해 바닷물 1톤에는 약 0.17그램가량의 리튬이 함유되어 있다. 여기서 바닷물에 녹아 있는 리튬의 양을 알기 쉽게 설명하면, 물 6톤, 즉 가로 세로가 각각 1미터에 높이가 6미터인 물기둥에 리튬은 가로 세로 각각 1센티미터에 높이가 1센티미터 정도인 물의 무게만큼 있다는 뜻이니 그 양이 얼마나 적은지를 가늠할 수 있다. 그러나 바닷물이 워낙 많기 때문에 바다에는 리튬이 모두 2380억 톤 녹아 있다고 한다.

이제 바닷물에서 리튬을 추출하는 과정을 살펴보자. 먼저 리튬을 잘 흡착할 수 있는 장치를 바닷물에 열흘 정도 담가두어 리튬을 흡착한 다음,

흡착된 리튬을 분리하고 정제해서 순도를 높인다. 이때 바닷물을 증발시키면 그 속에 있는 광물을 쉽게 얻을 수 있을 것 같지만 소금을 제외한 나머지가 워낙 조금 녹아 있어 모으기 힘들다.

바닷물을 단순히 짠물로만 생각할 것이 아니라, 우리에게 유용한 자원을 제공하여 삶을 더 풍요롭게 해줄 수 있는 광산으로 생각해야 할 것이다.

밀물과 썰물은 왜 생길까

바닷물은 왜 하루에 2번씩 드나들까? 바로 달과 태양이 바닷물을 포함한 지구를 끌어당기기 때문이다. 우주에 있는 모든 물체 사이에는 서로 잡아당기는 힘이 있는데, 영국의 위대한 과학자 아이작 뉴턴(Isaac Newton, 1642~1727)이 이야기한 '만유인력'이 바로 그것이다. 지구와 달과 태양 사이에도 만유인력이 작용하기 때문에 바닷물은 하루에 2번씩 오르내린다. 그러나 태양-지구-달의 위치가 시시각각 변하기 때문에 그 힘이 항상 똑

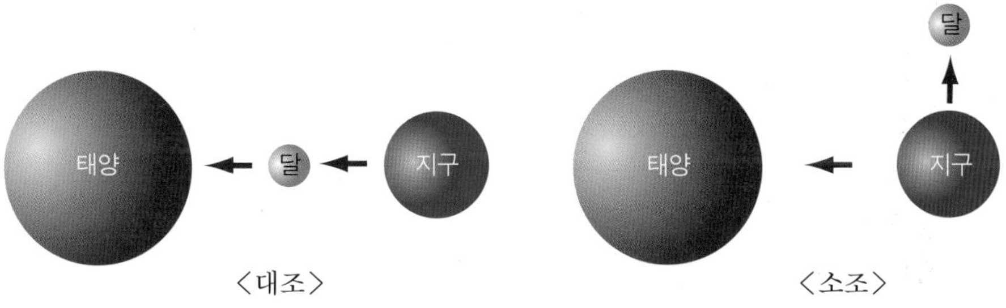

대조와 소조 때의 태양—달—지구의 위치

우리나라 서해안은 밀물과 썰물의 차가 크다. 밀물 때는 바닷물에 잠겨 있어도(위) 물이 빠지면 넓은 조간대가 펼쳐진다(아래, 충청남도 대호방조제)

같지 않아 바닷물에 잠기는 조간대의 깊이와 시간이 달라진다. 조간대란 밀물 때는 잠기고 썰물 때는 드러나는 바닷가를 말한다.

태양-지구-달이 일직선이 될 경우에는 당기는 힘이 커서 밀물은 아주 높고 썰물은 아주 낮아지게 된다. 이때를 '사리' 또는 '대조(大潮)'라고 한다. 반면 태양-지구-달이 직각을 이룰 경우 당기는 힘이 가장 작기 때문에 밀물은 덜 높고 썰물은 덜 낮아 '조금' 또는 '소조(小潮)'가 된다.

밀물과 썰물의 차이, 곧 '조차(潮差)'는 지역에 따라 다르다. 예를 들면 서해안 인천 부근의 조차는 8~9미터 정도인 데 반해 동해안의 조차는 1.5미터도 되지 않는다. 여기에는 여러 가지 원인이 있지만 가장 큰 이유는 바다와 해안의 지형이 다르기 때문이다. 서해처럼 육지로 둘러싸여 바닷물이 모이는 곳에서는 밀물과 썰물의 차이가 크지만 동해처럼 바다가 넓고 깊은 곳에서는 그렇지 않다. 참고로 세계에서 밀물과 썰물의 차이가 가장 큰 곳은 캐나다 동부 지방의 펀디 만(灣)으로, 조차가 17~18미터 정도가 된다.

바다를 자세히 관찰해보면 밀물이 드는 시각이 매일 조금씩 늦어지는 것을 알 수 있다. 이는 지구가 자전하는 동안 달도 지구 주위를 공전하므로 태양-지구-달의 위치가 매일 똑같지 않고 조금씩 변하기 때문이다. 그러므로 매일 달이 뜨는 시간이 50분씩 늦어지고 그에 따라 조석 시간도 늦어진다. 또한 달과 지구, 태양과 지구 사이의 거리와 각도도 계속 달라진다. 이 때문에 1년 중에서도 물이 가장 많이 빠지는 날이 있고 가장 높이 드는 날이 있다. 물론 이때 밀물과 썰물의 차이도 가장 크다. 한 해 중 대략 음력 7월 보름인 백중(百中)에 조차가 가장 큰데 이것을 '백중사리'라고 부

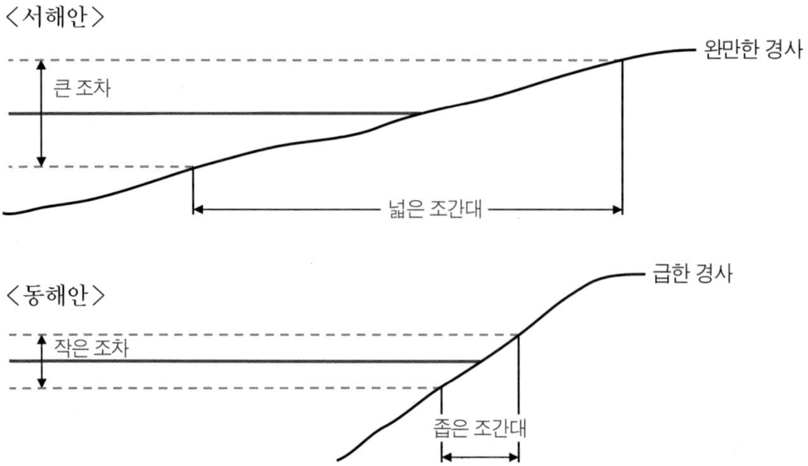

우리나라 서해안과 동해안의 조차와 조간대 비교

른다. 이때는 썰물 때 물 높이가 아주 낮아져 서해안에서 평소에는 걸어서 건너지 못하던 섬을 건너갈 수 있다. 그래서 현대판 '모세의 기적'이라고도 부른다. 반대로 밀물 때에는 물이 가장 높아져 남해안과 서해안 지방의 낮은 곳에서는 논과 길이 바닷물에 잠겨 큰 피해를 입기도 한다. 우리나라 서해안처럼 갯벌이 넓을 경우 바닷물이 멀리 있어도 밀물이 빨리 들어오므로 조심해야 한다.

밀물과 썰물이 시작되는 시각과 조석의 높이는 앞서 이야기한 것처럼 매일 다르다. 지금은 거의 모든 항구의 조석 시간과 물 높이는 조석표를 보고 알 수 있다. 그러나 100년 전만 해도 조석은 미리 알기 어려운 정보였다. 화물을 잔뜩 싣고 온 배가 썰물 때문에 항구로 들어오지 못하면 해운회사는 큰 손해를 보기 마련이다. 그래서 항구의 물때를 잘 아는 사람은 그 정보를 해운회사에 비싼 값으로 팔기도 했다.

자세히 알아보기

아마존 강 하구에 7.5미터짜리 파도가 있다고?

아마존 강 하구의 좁은 수로에서는 가끔 밀물이 높고 거센 파도를 만들면서 거슬러 올라가는 것을 볼 수 있다. 올라가는 속도는 시속 16~24킬로미터이며 더 빠르기도 하다. 그러나 하천의 수심이 얕아지고 흘러 내려오는 강물을 만나면 파도의 속도는 점점 느려진다. 이런 현상을 '해소(海嘯)'라고 하는데 아무 곳에서나 일어나는 것은 아니다. 대조 때, 조차가 아주 크고 수심이 얕은 해안이나 넓은 하구가 갑자기 좁아지는 곳에서 주로 일어난다. 이때 파도의 높이는 낮게는 10센티미터부터 높게는 7.5미터나 된다. 아파트 층수로 어림잡으면 대략 2~3층 높이이다. 중국 첸탄 강에서는 4.6미터 파도가 관찰되었으며, 아마존 강과 그 지류에서는 7.5미터 파도도 가끔 볼 수 있다. 중국 저장 성(省)에 있는 첸탄 강은 항저우 만으로 흘러드는 아주 짧은 강인데, 대조 때면 드물게 바닷물이 큰 소리를 내며 아주 빠르게 상류로 밀려 올라가는 현상을 볼 수 있다.

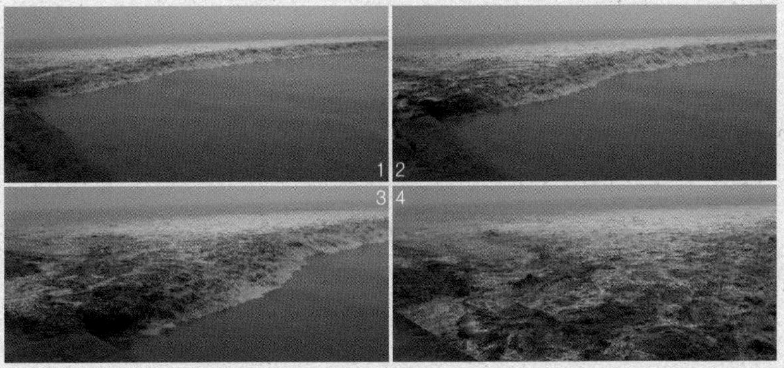

밀물이 거의 벽을 이루어 하류에서 상류로 올라가는 중국 첸탄 강

바다에는 어떤 에너지 자원이 있을까

현대 사회에서는 전기 에너지를 많이 사용하는데, 전기 에너지의 상당 부분은 석유나 천연가스에서 얻는다. 지금은 육상에 매장된 석유나 천연가스를 주로 사용하지만, 이 자원이 점차 고갈되면 바다 밑에 있는 석유나 천연가스를 얻기 위해 해저 유전을 더욱 활발하게 개발할 것이다. 현재 전 세계에서 생산하는 원유의 3분의 1가량이 바다 밑에서 나온다. 해저 유전이 많은 곳은 영국 북쪽의 북해와 알래스카 북쪽의 프루도 만, 멕시코만, 브라질 해안, 서부아프리카 해안이다.

요즘에는 기술이 발전해 얼음 바다나 북극 동토에서도 어렵지 않게 석유를 파 올린다. 최근에 원유 값이 내리기는 했지만, 석유 값은 1970년대 초반을 시작으로 계속해서 오르는 추세이다. 과거에는 석유를 채굴할 때 나오는 천연가스를 그냥 태워버렸다. 그러나 지금은 이 천연가스를 이용하면서 천연가스 값도 덩달아 뛰었다. 가격이 올라 수지가 맞지 않아 작업을 중단했던 유정(油井)들도 시추의 대상이 되었다. 세계에서 석유를 많이 생산하는 나라로는 사우디아라비아, 러시아, 미국, 이란, 멕시코, 중국, 캐나다, 노르웨이 등이 있다.

얼음에 불이 붙을 수 있을까? 믿기 힘들겠지만 불이 붙는 얼음이 있다. 바로 바다 밑바닥에 있는 가스 하이드레이트(Gas Hydrate)다. 가스 하이드레이트란 바다 밑바닥 진흙 속에 있는 박테리아가 만든 메탄가스가 높은 압력과 낮은 온도에서 물과 결합해 얼음처럼 단단해진 덩어리를 말한다. 깊이 300미터가 넘는 바다와 아주 추운 지역에 있는 이 물질은 앞으로 석유를 대신할 에너지로 큰 관심을 모으고 있다.

가스 하이드레이트를 개발하는 방법에는 여러 가지가 있는데 뜨거운 물이나 수증기를 이용하는 방법, 가스 하이드레이트가 매장된 곳의 압력을 낮추어 분해하는 방법, 메탄올을 넣는 방법이 있다. 첫째와 둘째 방법은 캐나다 북서부 델타 분지에서, 셋째 방법은 서시베리아 영구 동토에서 사용되었다.

가스 하이드레이트는 석유나 석탄보다 효율이 높고 같은 양의 에너지를 만들 때 이산화탄소가 석유의 70퍼센트, 석탄의 50퍼센트 정도만 나오므로 환경 문제를 덜 일으킨다. 가스 하이드레이트를 잘만 개발할 수 있다면 인류의 에너지 문제가 상당 부분 해결될 것이고 지구온난화(Global warming)도 늦출 수 있다. 일본은 2013년 일본 앞바다에서 가스 하이드레이트를 시험 생산하는 데 성공했다. 하지만 지금의 기술로는 가스 하이드레이트를 바다 밑바닥에서 안전하게 끌어올리는 것이 쉽지 않고, 최근 미국이 셰일가스(셰일 속에 있는 가스 성분)의 채굴 방법을 개발하면서 전 세계 석유 값이 떨어져서 가스 하이드레이트의 중요성이 상대적으로 많이 줄어들었다.

인구가 늘면 에너지 소비량도 자연히 늘게 마련이다. 이에 따라 주요 육상 자원은 점차 고갈된다. 그렇지만 바다에서도 에너지를 얻을 수 있다. 바닷물 자체가 엄청난 에너지 자원이기 때문이다. 바다에서 에너지를 얻을 수 있는 방법을 알아보자.

먼저 밀물과 썰물의 차이, 곧 조차를 이용해 전기를 만드는 '조력 발전'이 있다. 조력 발전소의 경우 초기 건설비용이 많이 든다는 단점이 있지만, 화력 발전이나 원자력 발전과 달리 연료가 들지 않고 공해 물질이 생

2011년 준공한 시화호조력발전소(사진 왼쪽은 바다, 오른쪽이 시화호)

기지 않아 깨끗한 에너지를 만들 수 있다.

우리나라 경우 2011년 6월, 발전 시설 용량 25만 4000킬로와트(254메가와트)인 시화호조력발전소가 완공되었다. 시화호조력발전소는 축구장 20개 정도의 넓이로, 9층 건물 높이에 깊이 26.5미터의 구덩이에 수차(발전기) 10개가 설치되어 있다. 시화호조력발전소의 발전 용량은 5억 5000만 킬로와트시(kWh)로, 소양강댐의 약 1.56배 정도이다. 이 발전량은 이산화탄소 31억 5000만 톤을 뿜어내지 않는 것과 같으며, 휘발유 승용차 12만 대의 운행을 중단하는 것과 같은 효과가 있다. 현재 조력 발전을 하는 나라는 우리나라, 프랑스, 캐나다, 중국 등이다.

조력 발전소의 발전 방식에는 밀물과 썰물에 발전하는 복류식과 밀물에만 발전하는 단류식이 있다. 시화호조력발전소는 건설비가 싼 단류식을 채택하고 있으며 현재 하루에 9시간 발전한다.

조력 발전소와 달리 조류 발전소는 넓은 곳이 아닌 좁은 수로를 빠르게 흐르는 조류를 이용하여 발전한다. 진도군과 해남군을 이어주는 울돌목은 조류가 시속 11노트가 넘어 조류 발전소를 짓기에 안성맞춤이다. 울돌목은 잘 알다시피 이순신 장군이 1597년 9월 빠른 조류를 이용해 왜군을 무찌른 명량대첩의 승전지이다. 한국해양과학기술원은 이곳에서 조류 발전소 건설을 위한 현장 조사를 하여, 2008년 6월에 가로 16미터, 세로 36미터, 높이 48미터, 무게 1000톤인 거대한 발전기 구조물을 설치하고 다음 해 5월 시험 발전소를 준공했다. 울돌목 조류 발전소의 발전 용량은 1000킬로와트, 연간 246메가와트시(MWh)로 430가구에 전기를 공급할 수 있는 양이다. 이처럼 우리나라 서해안은 조력 발전에 알맞으며, 남해안은 조류 발전에 알맞다. 한편, 파력(波力) 발전은 제주도와 동해안이 적합하다.

바닷물로 마실 물을 만들 수 있을까

바닷물과 민물의 다른 점 중 하나는 바닷물은 염분이 있어 맛이 짜다는 것이다. 그러나 바닷물도 염분을 제거하면 마실 수 있다. 바닷물의 염분을 어떻게 없앨 수 있을까?

여기에는 바닷물을 증발시키거나 삼투압을 이용하는 방법이 있다. 바닷물을 증발시키는 방법은 바닷물이 증발할 때 순수한 물만 증발하는 원리를 이용한다. 그러나 이 방법은 에너지가 많이 든다는 단점이 있다. 다음으로 삼투압을 이용하는 방법이 있다. 짠 정도가 다른 물 사이에 삼투막을 두면 양쪽 물의 짠 정도가 같아질 때까지 덜 짠 쪽의 물이 짠물 쪽으로 이동한다. 이때 생기는 압력이 삼투압이며, 삼투막은 물은 지나갈 수 있지만 염분은 지나가지 못하는 막을 말한다.

바닷물에서 민물을 만드는 방법은 삼투현상의 원리를 거꾸로 이용하는 역삼투압 방식이다. 곧 바닷물에 압력을 가해 염분을 점차 줄이는 방법이다. 이렇게 염분을 걸러내 마실 물을 만든다. 이 방법은 증발법보다 에너지가 적게 든다.

최근 우리나라 기술진은 새로운 개념으로 바닷물을 이용해 식수로 만드는 기술을 개발했다. 증발이나 역삼투압 방식이 아닌 가스 하이드레이트가 생기는 원리를 이용한 기술이다. 이 기술은 일정한 온도와 압력에서 가스와 바닷물을 결합시키면 염분과 불순물이 분리되면서 얼음과 비슷한 고체 수화물이 생기는 원리를 이용하는 것으로, 고체 수화물에서 가스를 제거하여 순수한 물을 만든다. 이 방법은 염분 제거율이 높아 물 생산 비용이 적게 든다.

자세히 알아보기

지구상에 사람이 마실 수 있는 물은 얼마나 될까

현재 지구에 있는 물 가운데 97퍼센트는 바닷물이며, 사람이 마실 수 있는 물은 3퍼센트뿐이다. 이 3퍼센트의 물도 극지방의 얼음과 지하수가 대부분이라 실제로 사람이 마실 수 있는 물은 0.01퍼센트 정도에 그친다. 이렇게 보면 물은 아주 귀한 자원이다. 석유가 많이 나는 중동 지방에서는 물이 부족하여 오히려 석유보다 마시는 물이 더 비싸다.

지진해일(쓰나미)은 어떻게 생길까

2011년 3월 11일 우리는 텔레비전에서 놀라운 장면을 보았다. 일본 동북부 지방에 밀려든 산더미 같은 지진해일에 자동차가 둥둥 떠다니는 광경이었다. 일본을 강타한 지진해일은 동네를 휩쓸었고 남은 거라고는 부서진 건물 쓰레기뿐이었다. 지진해일의 위력을 알고는 있었지만 그렇게 강하고 무서울 줄은 미처 몰랐다.

해저 지진으로 지진해일이 생기면, 바닷물이 평상시 썰물 때보다 훨씬 낮게 빠져 보통 때 바닷물에 잠겼던 곳이 드러난다. 그러다가 한 15~20분 정도 지나면 높이가 10~15미터 이상 되는 파도가 해안을 덮친다. 이 파도는 워낙 높아 방파제 정도는 쉽게 넘고, 물의 힘이 아주 강해 웬만한 건물이나 나무가 마치 장난감처럼 쓰러진다. 바닷물은 다시 바다 쪽으로 빠졌다가 몇 번 더 밀려오며 세력이 약해진다. 욕조에서 출렁거리는 물이 차츰 잠잠해지듯 말이다.

지진해일은 바다 밑에서 지진이 일어나거나 화산이 터지거나 산사태가 나서 생긴다. 해저에서 바다 밑바닥이 갑자기 아래나 위로 움직이는 지진이 일어나면, 그 위의 바닷물이 출렁여서 지진해일이 일어나는 것이다. 일본에서 발생한 지진해일도 그렇고 2004년 12월 인도네시아를 덮친 지진해일도 해저 지진 때문이었다. 2004년 인도네시아의 지진은 진도 9.2였으며, 2011년 일본의 지진은 진도 9.0이었다. 20세기 들어 가장 강한 지진은 1960년 5월 22일 칠레 발디비아에서 일어난 것으로 진도 9.5였다.

지진해일은 지진 때문에 생긴 일종의 파도로, 파고 수십 센티미터~1미터에 파장이 100~200킬로미터로 아주 긴 파도이다. 그러므로 대양을 항해하는 배에서는 알아차릴 수 없다. 속도는 시속 800~900킬로미터 정도로 비행기 속도만큼 빠르다. 이처럼 파고가 낮고 파장이 긴 지진해일도 수심이 얕은 해안 가까이 오면 속도가 느려지고 파고가 높아져 높이 15~20미터가 넘는 파도로 바뀐다.

큰 파도는 해저 지진뿐 아니라 다른 원인으로도 일어난다. 예를 들어 태풍이 불면 폭풍해일이 생긴다. 저기압 부근에서는 공기가 바다를 내리누르는 힘이 약하므로 바닷물이 약간 높아지게 되고, 높아진 물이 주변으로 퍼지면서 평소보다 높은 파도가 해안으로 들이칠 수 있다. 핵폭발로도 해일이 생긴다.

2004년 12월 인도네시아에서 일어난 지진해일은 인도양을 거쳐 아프리카 동해안까지 피해를 입혔다. 1946년 4월 1일 알류샨 열도에서 일어난 진도 7.8의 강한 지진으로 생긴 지진해일은, 5시간 정도 지나 4000킬로미터 떨어진 하와이 섬 북동쪽 도시 힐로를 15~20분 간격으로 7번이나 들이쳤다. 이 지진해일의 높이는 지진이 일어난 곳에서는 35미터였지만 힐로에서는 14미터였다.

우리나라에서는 다행히 큰 지진이 일어나지 않아 지진해일이 얼마나 무서운지 잘 모른다. 그러나 지진이 많은 일본의 서해안 해저에서 만약 지진이 일어난다면, 그때 생긴 지진해일이 우리나라 동해안으로 밀려올 가능성이 높다. 실제로 1983년 일본 혼슈 부근 바다에서 일어난 규모 7.7의 지진과 1993년 홋카이도 부근 바다에서 일어난 규모 7.8의 지진으로 생긴 지진해일 때문에 삼척에서는 사람들이 죽고 큰 피해를 입었다. 동해안으로 지진해일이 밀려오는 데는 2시간이 채 걸리지 않는다. 그만큼 대비할 수 있는 시간이 짧기 때문에 동해안에서는 각별히 조심해야 한다. 일본 서북부 바다에서 규모 9.0보다 큰 지진이 일어나면 울진에 높이 10미터가 넘는 지진해일이 몰려온다는 연구 결과도 있다.

대만이나 일본 오키나와 일대에서 지진이 일어나 지진해일이 생긴다면 제주도와 남해안에 피해를 가져올 가능성이 있다. 하지만 서해안에는 그다지 큰 영향을 미치지 않는다. 중국에서도 큰 지진이 일어나지만 대개는 내륙 깊은 곳에서 일어나므로 지진해일을 일으키지는 않는다.

자세히 알아보기

지진해일로부터 100명을 구한 소녀

2004년 12월 26일 인도네시아에서 큰 지진해일이 난 뒤, 영국 신문 <데일리 텔레그래프> 지에 실린 한 여자아이의 이야기다. 10세 소녀 틸리 스미스는 지리 시간에 선생님에게서 지진해일에 대해 배운 덕분에 가족은 물론 100명이 넘는 사람을 구할 수 있었다. 그날 틸리의 가족은 관광을 하려고 태국의 푸껫 섬 마이카오 해변에 머물고 있었다. 그때 갑자기 지진이 났다는 소식이 들렸다. 틸리는 침착하게 학교에서 배운 지진해일을 기억해내고는 곧 큰 물결이 밀려올 것이라고 부모에게 말했다. 틸리의 부모는 주변 사람들에게 이 사실을 알리고 재빨리 높은 곳으로 피했고, 정말 얼마 되지 않아 엄청나게 높은 파도가 들이닥쳤다. 이 사건으로 틸리는 신문에 '해변의 천사'로 소개되었다.

2장

대양 속으로

바닷물도 흐를까

얼핏 생각에 바닷물은 흐르지 않을 것 같지만 실제로 바닷물도 흐른다. 북반구의 해류는 바람의 영향으로 크게 보면 시계 방향으로 흐른다. 예를 들어 북태평양에서는 북동 무역풍에 밀려 서쪽으로 흐르는 북적도 해류가 아시아 대륙의 동쪽 해안을 따라 북쪽으로 올라온다. 이 해류가 바로 쿠로시오다. 쿠로시오(黑潮) 해류는 북위 50도 부근에서는 편서풍에 밀려 동쪽으로 흘러가는 북태평양 해류가 된다. 이와는 반대로 남반구에서는 해류가 반시계 방향으로 흐른다. 지구의 자전에 따라 남반구에서는 북반구에서 나타나는 현상과 반대로 일어나기 때문이다.

해류를 일으키는 원인으로는 바람, 바닷물의 밀도, 해수면의 경사, 수심, 위도 등이 있으며 여기에 지구의 자전도 영향을 미친다. 바닷물의 밀도는 위도, 지리, 계절에 따라 강수나 증발, 결빙 같은 영향을 받는다. 해류

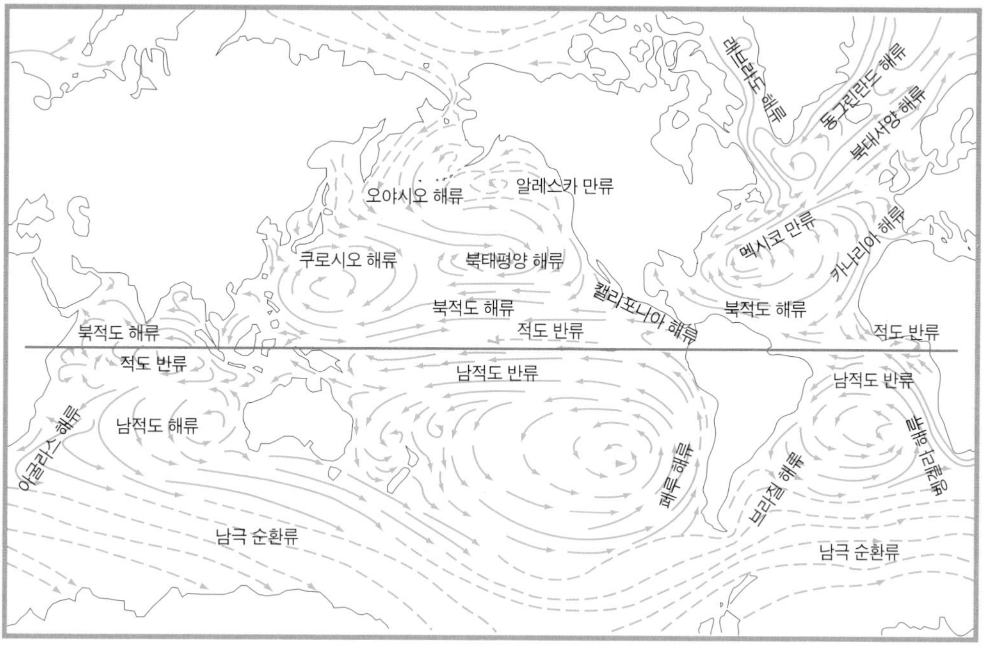

세계의 주요 해류. 북반구에서 해류는 시계 방향으로, 남반구에서는 반시계 방향으로 흐른다.

는 기후에 영향을 미치며 기후에 따라 사람의 생활이 달라지므로, 결국 우리의 삶에도 영향을 미친다.

해류의 양을 측정하는 단위는 스베드럽(Sv)이다. 1스베드럽은 1초에 100만 톤의 물이 흘러갈 때의 양을 말한다. 바닷물 100만 톤은 얼마나 되는 양일까? 깊이 1킬로미터에 길이 1킬로미터의 단면을 바닷물이 초속 1미터로 흐르면, 1초에 흐르는 물의 양이 100만 톤으로 1스베드럽이 된다.

해류는 흘러가면서 더 강해지기도 한다. 북유럽을 따뜻하게 만드는 멕시코만류는 플로리다 주 부근에서는 30스베드럽이지만 북쪽으로 갈수록 강해져 북위 55도에서는 150스베드럽가량 된다. 반면 지중해에서 빠져나오는 지브롤터 해협의 해류는 큰 변함없이 1스베드럽 정도이다. 스베드럽은 해양학의 개척자 가운데 한 사람인 노르웨이 해양학자이자 기상학자 하랄 스베드럽(Harald U. Sverdrup, 1888~1957)의 이름을 딴 것이다.

우리나라에는 어떤 해류가 흐를까

우리나라 주변을 흐르는 난류는 북적도 해류에서 시작한 쿠로시오 해류에서 갈라져 나온다. 그 가운데 일부가 동해로 들어가 동한 난류가 되고 일부는 서해로 들어가 황해 난류가 된다. 난류의 세기는 늘 일정하지 않고 조금씩 다르다. 시베리아 연안에서 시작해 러시아 동쪽 해안을 따라 내려오는 리만 해류는 북한 한류가 되어 우리나라 동해안을 따라 내려온다.

바닷물 색깔은 물속에 들어 있는 입자에 따라 달라 보인다. 연안 해역처럼 식물플랑크톤이 많으면 녹색을 띠고, 식물플랑크톤이 적으면 진한 청색을 띤다. 쿠로시오 난류는 염분과 수온이 높고 영양염류가 적어 식물플랑크톤이 많지 않다. 물속에 식물플랑크톤이 적게 들어 있으므로 바닷물도 검푸른색을 띤다. 쿠로시오란 이름은 일본 말로 '검은 해류'란 뜻이다.

반면 염분과 수온이 낮은 한류에는 영양염류가 많아 식물플랑크톤과 동물플랑크톤이 많다. 그러므로 한류에는 물고기를 비롯한 수산자원이 풍부하다. 예전에 동해에서 많이 잡혔던 명태와 정어리는 한류에 사는 물고기의 대표라 할 수 있다.

우리나라 주변의 해류. 쿠로시오 해류에서 갈라져 나온 해류는 일부는 동한 난류가 되고 일부는 황해 난류를 이룬다.

같은 동해 바닷물이라 하더라도 모두 같은 방향과 속도로 흘러가는 것은 아니다. 강원도 동해시 앞바다의 경우 바다 표면에서 수심 약 30미터까지는 북쪽으로 흐른다. 표면에서 바닷물이 흐르는 속도가 1초에 약 10센티미터이므로 하루에 8.6킬로미터를 흘러가는 셈이다. 반면 더 깊은 곳에서는 남쪽으로 흐르며, 수심 90미터에서는 1초에 60센티미터를 흘러간다. 1초에 60센티미터면 하루에 약 52킬로미터를 흘러가는 셈이다. 참고로 52킬로미터는 속초에서 강릉까지 가는 거리에 해당한다.

왜 이런 일이 생길까? 바로 난류와 한류의 영향 때문이다. 남쪽에서 올라온 바닷물은 따뜻하고 가벼워 표면 가까운 깊이에서 북쪽으로 흐르고,

남쪽에서 올라오는 난류는 독도 부근까지 영향을 미친다.

북쪽에서 동해안을 따라 내려오는 물은 차고 무거워 바다 깊은 곳에서 남쪽으로 흐르기 때문이다.

같은 동해안이라도 위치와 때에 따라 물의 속도가 다르다. 예를 들어 동해시에서 남쪽으로 내려오면 난류의 흐름이 빨라지고 북쪽으로 올라가면 한류의 흐름이 빨라진다. 난류는 남쪽에서 올라오므로 남쪽으로 갈수록 세지고, 한류는 북쪽에서 내려오므로 북쪽으로 갈수록 세지기 때문이다. 또한 한류가 강해지는 겨울에는 한류가 빨라지고 난류가 강해지는 여름에는 난류가 빨라진다. 이처럼 바닷물이 흐르는 속도는 수심이나 계절, 위치, 시형에 따라 다르다는 것을 알 수 있다.

난류와 한류

자세히 알아보기

우리나라 주변의 대표 난류인 쿠로시오 해류의 특징을 보면 수온과 염분이 높고 영양염류가 적다. 난류가 적도 쪽에서 올라오기 때문에 수온이 높은 것은 당연한 일이겠지만 염분이 높은 것은 왜일까? 더운 곳에서는 수분이 훨씬 많이 증발하기 때문에 염분이 높아진다. 난류에 영양염류가 적은 것은 바닷물의 표층과 저층의 밀도 차이 때문이다. 난류 표면은 수온이 높지만 조금만 깊어져도 수온이 낮기 때문에 표층과 저층의 수온 차이가 커지고 이에 따라 바닷물의 밀도 차이도 커진다. 이렇게 되면 표층과 저층이 잘 섞이지 않고 층이 나뉘는 현상, 곧 성층(成層)이 생긴다. 표층의 영양염류는 식물플랑크톤이 광합성을 하면서 줄어드는 반면, 저층에서는 표층의 생물이 죽어 가라앉으면서 미생물에 분해되기 때문에 영양염류가 많아진다. 하지만 성층 때문에 저층에서 만들어진 영양염류가 표층으로 공급되지 못해, 표층의 영양염류는 더욱 줄어든다.

난류와 반대로 한류의 경우, 수분 증발량이 적기 때문에 염분이 대체로 낮다. 또 바닷물의 표층과 저층 사이에 수온 차이가 작아 바람이 불면 잘 섞인다. 그 결과 저층의 영양염류가 표층으로 쉽게 보충된다. 표층에 영양염류가 풍부하기 때문에 식물플랑크톤의 광합성이 활발히 일어나고 수산자원도 많아진다.

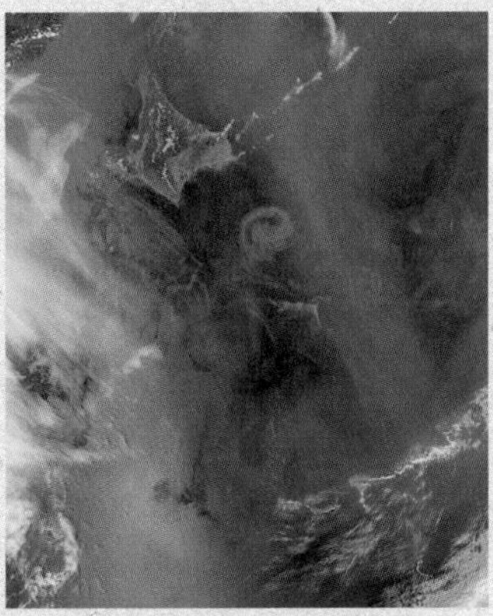
해류와 식물플랑크톤(출처: 위키피디아)

바람이 불면 바닷물은 어떻게 흐를까

강한 바람이 북쪽으로 불면 바닷물도 북쪽으로 흐를까? 바다 깊은 곳에서도 바닷물이 같은 방향으로 흐를까? 북반구에서는 바람이 불면 표면의 해류가 지구 자전의 영향으로 바람의 방향에서 약간 오른쪽으로 흘러간다. 수심이 깊어질수록 바닷물 흐름의 방향과 속도도 조금씩 달라져서 방향은 더 오른쪽으로 돌아가고 속도는 점점 떨어진다.

북반구에서 바람이 북쪽으로 불 때, 바람에 밀리는 바닷물이 오른쪽으로 트는 정도는 위도가 높을수록 커진다. 이런 현상은 바닷물의 깊이가 깊어져도 계속되어, 아래층의 물이 위층의 물보다 더 오른쪽으로 움직이며 속도는 마찰로 점차 줄어든다. 결국 깊이가 어느 정도 되면 속도는 느리지만 바람과는 반대 방향으로 물이 흐른다.

이렇게 바람과 물 흐름의 방향이 정반대가 되는 깊이를 '에크만 층'이라고 하며 깊이에 따른 유속의 값을 이은 나선을 '에크만 나선'이라고 한다. 스웨덴 해양물리학자 방 발프리드 에크만(Vagn Walfrid Ekman, 1874~1954)은 물이 자체의 점성 때문에 운동 에너지를 잃으면서 유속이 급격히 줄어드는 데다 북반구에서는 바닷물의 방향이 지구의 자전 때문에 오른쪽, 즉 시계 방향으로 돌아가 나선이 생긴다고 설명했다. 이런 현상을 '에크만 운동'이라고 한다.

지구가 자전하니까

자세히 알아보기

몇 년간 북극 여기저기를 떠돌며 탐험했던 노르웨이 극지탐험가 프리드쇼프 난센(Fridtjof Nansen, 1861~1930)은 빙산이 바람 방향의 20~40도 오른쪽으로 움직이는 것을 보고 이를 지구의 자전 때문에 생기는 현상으로 생각했다. 에크만 역시 난센과 마찬가지로 바닷물의 흐름이 바뀌는 현상을 바닷물의 물리적 성질과 지구의 자전으로 설명했다. 그런데 바닷물뿐 아니라 바람도 북반구에서는 지구의 자전 때문에 진행 방향의 오른쪽으로 휘어진다. 반면 남반구에서는 빙산이나 바닷물이나 바람이 움직이는 방향의 왼쪽으로 휘어진다.

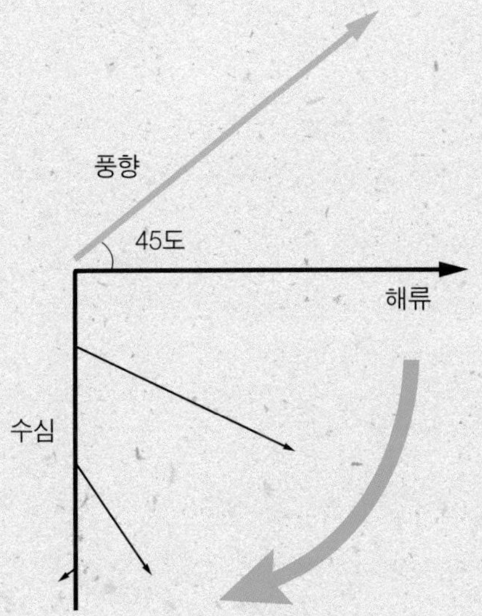

북반구에서 나타나는 에크만 나선. 수심이 깊어짐에 따라 바닷물 흐름의 방향은 더 오른쪽으로 돌아가고 유속은 점차 줄어든다. 일정한 깊이가 되면 물은 표면의 방향과는 정반대 방향으로 흐른다.

바다에도 허파가 있다?

생물이 살아가는 데 반드시 필요한 것이 산소이다. 땅에서는 식물이 낮에 빛을 받아 광합성을 하면서 이산화탄소를 흡수하고 산소를 만들어낸다. 브라질의 아마존 강 유역이나 인도네시아의 열대 밀림에서는 식물이 산소를 많이 만들어내는데 이 때문에 아마존 열대 밀림을 일컬어 '지구의 허파'라고 부른다. 그러나 육지 식물이 만드는 산소만으로는 동물이 호흡하는 데 충분치 않다. 그러면 나머지 산소는 어디에서 나올까?

산소는 땅보다 바닷물 표면에서 많이 나온다. 대기 속 산소가 녹아 들어가기도 하지만 지구의 모든 생물에게 필요한 산소의 80퍼센트 이상을 바다에 있는 식물이 만들어낸다. 그 가운데 바다에 떠서 사는 작은 식물플랑크톤인 규조(硅藻)가 산소를 만드는 데 큰 역할을 한다. 규조는 너무 작아 현미경이 없으면 볼 수 없지만, 수가 워낙 많기 때문에 이들이 만들어내는 산소의 양은 엄청나다.

산소가 많은 표층 바닷물은 바다 깊은 곳으로 섞여 들어가 산소가 부족한 심해에 산소를 공급한다. 이러한 바닷물의 혼합 현상은 한류와 난류가 만나는 곳에서 왕성하게 일어난다. 이 때문에 이런 곳을 '대양의 허파'라고 부른다. 산소를 많이 포함한 바닷물이 섞이더라도 보통 수심 600미터부터 1킬로미터 사이에는 산소가 아주 적다. 산소 농도가 최소가 되는 이유는 표면에서 가라앉는 유기물을 이 깊이에서 미생물이 분해할 때 산소를 많이 소비하기 때문이다. 그러나 이보다 더 깊이 들어가 바닥에 이를 때까지 산소량이 늘어난다.

규조

자세히 알아보기

규조는 종류에 따라 둥글거나 길쭉한 작은 껍데기 2개를 마주보게 끼워 놓은 것처럼 보인다. 대부분은 물에 떠서 살지만 얕은 바닥에 사는 규조도 있다. 단세포 식물인 규조는 껍데기가 갈라져 2개가 된 다음 각각의 껍데기 안쪽에 새로운 껍데기를 만들어 새로운 개체가 되는 방식으로 늘어난다. 남극의 추운 바다에도 아주 많아 크릴 같은 동물플랑크톤의 중요한 먹이가 된다. 크릴의 몸속에 크릴이 먹은 규조가 작은 초록색 덩어리로 보이기도 한다.

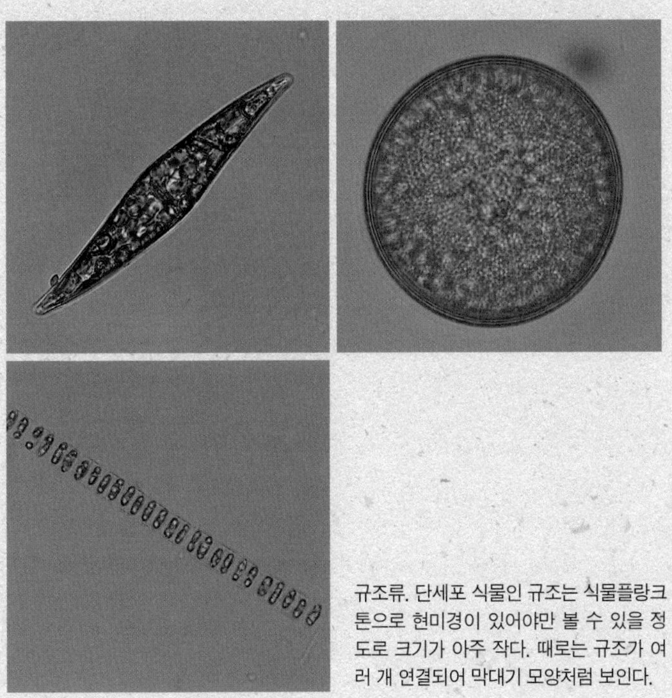

규조류. 단세포 식물인 규조는 식물플랑크톤으로 현미경이 있어야만 볼 수 있을 정도로 크기가 아주 작다. 때로는 규조가 여러 개 연결되어 막대기 모양처럼 보인다.

⚓ 바다에도 열대우림이 있다

일본 오키나와나 태평양 하와이 섬 연안의 물속은 따뜻하고 깨끗하며 아름답다. 눈을 조금만 크게 뜨고 들여다보면 산호 여러 종과 온갖 현란한 색깔의 아름다운 열대어를 비롯해 게, 새우, 해마 같은 바다 생물들이 보인다. 각양각색의 동물들이 한데 모여 있는 광경은 그야말로 황홀할 정도이다. 이러한 이유로 산호초를 '바다의 열대우림'이라고도 부른다.

산호는 마치 나뭇가지처럼 보이지만, 식물이 아니라 동물이다. 산호의 촉수에는 독이 든 쏘기 세포가 있어 작은 동물을 잡아먹고 산다. 쏘기 세포가 있는 산호는 자포동물 종류에 속한다. 자포동물에는 해파리처럼 떠도는 부류와 말미잘이나 히드라, 산호처럼 한곳에 붙어서 사는 부류가 있다. 보기에 전혀 다른 해파리나 말미잘, 히드라가 산호의 친척이라는 사실이 놀랍다.

열대 산호는 수심 50미터 이내의 깨끗하고 얕은 바다에 살며, 산호가 살기에 가장 적합한 수온은 섭씨 26~27도이다. 산호초를 만드는 산호는 단단한 석회질 골격이 있다는 점을 제외하고는 말미잘, 해파리와 비슷한 점이 많다. 예를 들어 산호가 먹이를 잡으려고 촉수를 내밀고 있으면 말미잘과 아주 닮았다. 산호는 혼자 사는 종도 있지만 대부분이 모여 산다.

산호는 사리 때인 음력 보름에 알을 낳는데, 이는 밀물과 썰물의 차이가 클 때를 이용해 알을 널리 퍼뜨리려는 이유 때문으로 보인다. 작은 산호알들이 물결을 따라 연기처럼 흩어지는 모습을 보면 산호가 엄청나게 많은 알을 낳는다는 사실을 알 수 있다.

산호와 열대어. 산호 둘레에는 아름다운 열대 물고기들이 모여 산다.

오스트레일리아 대보초. 남아 있는 섬을 둘러싸고 자라는 산호초를 '보초'라 하며, 오스트레일리아 북동쪽 해안에 발달한 아주 큰 규모의 보초를 '대보초'라 한다.

산호도 생물이므로 불가사리와 같은 천적이 있다. 불가사리는 소화액을 분비하여 산호를 녹여 먹는다. 이 불가사리가 한번 퍼지면 산호가 죽어 없어지고, 산호가 죽으면 모여들던 물고기들과 다른 생물들도 사라져 부근은 황폐해진다. 오스트레일리아 정부는 산호를 살리기 위해 불가사리에 포르말린을 주사하여 죽이기도 하였다. 이러한 방법은 시간이 많이 걸리고 쉬운 일도 아니지만 산호를 살리고 산호초를 보호하기 위한 시도였다.

산호초 둘레에서는 바다거북을 곧잘 볼 수 있다. 우리나라에서는 거북을 오래 사는 동물로 특별히 대접하지만 서양에서는 거북 고기를 먹었다. 남극을 탐험한 영국 사람들은 바다거북 국을 크리스마스 별식으로 먹기도 했다. 원래 영국 주변 바다에는 바다거북이 없지만 일찍이 영국 사람들이 배를 타고 세계의 바다를 돌아다니면서 거북 고기에 맛을 들인 것 같다. 지금은 바다거북이 멸종 위기에 처해 보호를 받는다.

산호는 물속에 녹아 있는 석회질을 흡수해 단단한 골격을 만들고 이 산호의 단단한 골격들이 모여 산호초가 된다. 산호초는 산호 껍데기로 이루어진 바위로 바닷속 동물의 집이자 쉼터이자 사냥터이다.

산호는 열대 바다와 온대 바다에 있지만 산호초는 적도를 중심으로 한 남위 30도에서 북위 30도 사이의 바다에 많다. 대부분의 산호초는 그 가운데 태평양, 동남아시아 바다, 인도양에 있으며, 대서양에는 카리브 해와 플로리다 주 해안 일부를 제외하고 산호초다운 산호초는 없다.

위도가 낮아도 바다 밑에서 찬물이 솟아오르거나 남빙양에서 발원해 남아메리카 서해안을 따라 올라오는 페루 해류와 아프리카 서해안을 따라

열대 해역에 사는 푸른색 불가사리는 산호의 가장 무서운 천적이다.

바다거북은 맛이 좋아 사람들이 즐겨 먹었지만 지금은 멸종 위기에 놓여 있다.

올라오는 벵겔라 해류처럼 찬 해류가 흘러오는 남북 아메리카 대륙의 서해안과 아프리카 대륙의 서해안에는 산호초가 거의 없다.

산호초는 산호의 생태와 바다 바닥의 움직임이 서로 작용하여 형성된다. 예를 들어 섬이 가라앉는 경우 산호는 빛이 잘 드는 위쪽으로 자라서 산호초가 생긴다. 이때 만약 섬이 남아 있으면 보초(堡礁)이고, 섬이 완전히 잠겨 산호초만 반지처럼 있으면 환초(環礁)이다. 반대로 섬이 솟아오르는 경우, 산호는 아래로 내려가고 산호초는 섬 둘레에 가까이 생기며 이런 산호초가 거초(裾礁)이다. 이렇듯 찰스 다윈은 산호초가 생기는 원리를 밝혀내어 훌륭한 업적을 이루었다.

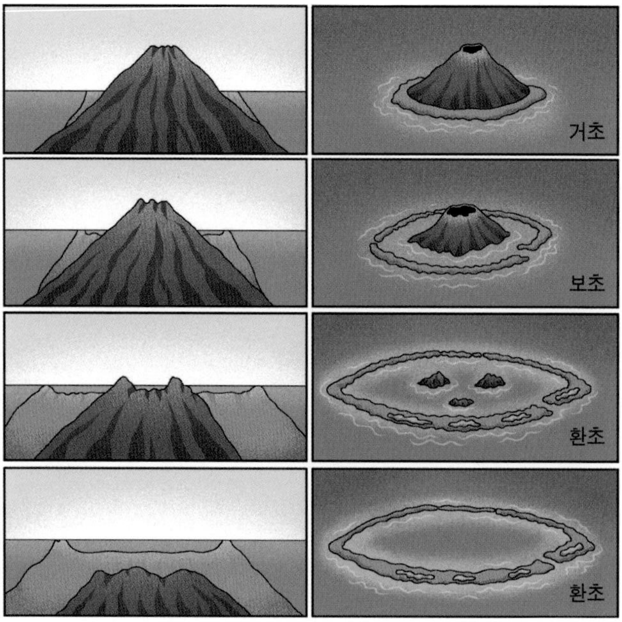

산호초의 형성 과정과 종류

대양의 밑바닥에는 무엇이 있을까

넓고 깊은 먼 바다의 밑바닥에 있는 물질은 크게 바다 생물들의 사체, 바람과 얼음이 운반한 것, 우주에서 떨어진 것으로 나눌 수 있다. 바다에서 사는 생물은 지역에 따라 사는 종이 다르고, 사체는 가라앉으면서 분해되는데 이때 분해 정도는 각각 다르다. 바다의 바닥에는 바람에 실려 오는 물질도 있고, 극지와 가까운 바다 바닥에는 얼음이 옮긴 물질도 있다. 물론 우주 공간에서도 적지 않은 물질이 바다로 떨어진다.

수심 약 3000미터가량의 바다 밑바닥에는 바다에 떠서 살던 단세포 동물플랑크톤 유공충(有孔蟲)의 탄산칼슘 껍데기가 녹아 마치 허연 죽처럼 쌓여 있다. 이 물질을 석회질 연니(軟泥)라고 한다. '연니'란 녹다가 남아 죽처럼 된 부드러운 물질을 말한다. 참고로 유공충의 껍데기는 수심 3500~4000미터에서는 완전히 녹아버린다. 약 4000미터 깊이의 바닷속에는 화산재나 아주 작은 먼지가 산화된 붉은색의 펄 같은 물질, 곧 적점토가 있다. 아주 깊은 바다에 흐르는 물속에는 산소가 많기 때문에 보통 이곳의 물질은 산화되어 붉은색을 띠기 때문이다.

또 약 5000미터 깊이에는 방산충(放散蟲)과 규조류의 껍데기가 녹아서 생긴, 옅은 황색 또는 회백색을 띠거나 무색에 가까운 규질 연니가 있다. 이 성분은 유리나 석영과 같은 이산화규소(SiO_2)인데, 얕은 곳에서는 다 녹지 않아 주로 깊은 곳에 모인다. 극지방, 그 가운데 남극대륙 둘레의 바다에는 규조류와 방산충이 많이 살고 있으므로 이곳의 깊은 바다에도 규질 연니가 많다.

북극과 남극의 바다, 그리고 그 주변 바다에는 얼음이 운반한 물질이 많다. 바위와 모래, 자갈이 얼음에 박혀서, 얼음이 아니고는 도저히 도달할 수 없는 깊은 바다까지 실려 가고 또 녹으면서 가라앉기 때문이다. 그 밖에 운석도 바다에 가라앉는다. 그러나 그 양이 드넓은 바다에 비하면 워낙 조금이라 특별한 경우를 제외하고는 거의 눈에 띄지 않는다.

자세히 알아보기

바닷속 히말라야 산맥

로키 산맥이나 히말라야 산맥 사진을 자세히 보면 산꼭대기에는 하얀 눈이 그대로 쌓여 있고 아래만 녹아 있는 모습을 볼 수 있다. 이처럼 눈과 그 아래 녹은 부분을 가르는 선을 설선(雪線)이라 부른다. 그런데 설선은 산뿐 아니라 깊은 바닷속에서도 볼 수 있다. 잠수함을 타고 3000~4000미터 정도 내려가면서 바깥을 잘 살펴보면 허연 죽에 덮인 것 같은 땅이 계속 보이다가 더 깊어지면 없어지는 것을 볼 수 있는데, 이것이 바로 설선이다. 허연 부분은 주로 덜 녹은 부유 유공충의 껍데기가 쌓인 것이다. 그러다가 바다가 더 깊어지면서 이 껍데기가 다 녹으면 흰색은 사라지고 초콜릿 색깔의 적점토가 나타난다. 그 가운데 부분에는 마치 눈이 녹아 질척거리듯이 허연 부분과 불그스레한 부분이 섞여 있다.

태평양은 언제나 잔잔하지 않아

지구 표면적의 약 3분의 1 정도를 차지하고 평균 깊이가 약 4000미터나 되는 태평양은 대서양과 인도양을 합한 것보다 더 넓다. 태평양은 그야말로 대양 가운데 가장 넓고 깊은 바다이다.

포르투갈 출신의 에스파냐 항해가 페르디난드 마젤란(Ferdinand Magellan, 1480~1521)은 험한 마젤란 해협을 통과해서 1521년 3월 6일 지금의 괌 섬에 도착했다. 그는 항해 도중 필리핀에서 죽었지만 부하들 덕분에 처음으로 세계를 일주했다는 영광을 얻었다. 그가 마젤란 해협에서 벗어나 98일 동안 북서쪽으로 항해한 곳은 그 어느 바다보다 넓고 평온해 보였다. 마젤

대양 가운데 가장 넓은 태평양. 마젤란은 운 좋게도 바다가 고요할 때 지나가 이 넓은 바다에 태평양이라는 이름을 붙였다.

란은 운이 좋았다. 남위 60도에서 40도에 이르는 남반구 바다는 거의 항상 저기압이 발달해 바다가 아주 거칠다. 그러나 당시에는 운이 좋게도 바다가 그렇게 험하지 않아서 마젤란은 이 바다를 태평양이라고 불렀다.

바다는 황해나 홍해처럼 색깔에 따라 이름이 붙기도 한다. 동해나 서해, 남해처럼 위치에 따라 이름이 붙기도 하며, 인도양이나 아라비아 해처럼 나라 이름을 따서 짓기도 한다. 또 남아메리카와 남극 반도 사이에 있는 드레이크 해협처럼 발견한 사람의 이름을 따서 짓기도 한다.

인도양은 어떻게 세상에 알려졌을까

인도는 일찍이 힌두교와 불교가 발달한 문명국이었으므로 그 앞에 펼쳐진 대양을 자기 나라의 이름으로 부르는 것이 가능했을 것이다. 인도양은 상당 부분이 남반구에 속하며 대서양보다는 조금 작다. 평균 깊이는 약 3700미터로 태평양보다 덜 깊다.

인도양이 세계에 알려진 것은 유럽 사람들의 탐험 때문이었다. 13세기 말, 중국에서 오랜 시간을 보내고 본국으로 돌아가던 이탈리아의 마르코 폴로(Marco Polo, 1254~1324)는 말레이 반도에서 실론(스리랑카) 섬으로 간 뒤 인도 서해안에서 페르시아 만 연안으로 항해하면서 보고 들은 이야기를 『동방견문록』에 담았다. 당시 이 책 덕분에 서양 사람들은 아메리카 대륙은 몰라도 인도는 알게 되었고 동양에 깊은 관심을 갖게 되었다. 이후 『동방견문록』은 콜럼버스의 항해에도 영향을 미쳤다.

중국 명나라 때 윈난 성에서 태어난 정화(鄭和, 1371~1433)도 인도양을 탐험한 적이 있다. 정화의 1차 탐험은 명나라 영락제 시절인 1405년부터 1407년 사이에 이루어졌다. 당시 그는 돛대 9개에 길이가 122미터인 선박을 포함하여 317척에 2만 8000명에 가까운 사람들을 실은 거대한 함대를 이끌었다. 정화는 이 항해 때 인도네시아와 인도 서해안을 찾아갔다. 그는 병을 얻어 세상을 떠난 1433년까지 7회에 걸쳐 바다를 탐험했으며, 5~7차 항해 때는 인도양을 횡단해서 아프리카 동해안의 오늘날 소말리아-케냐-탄자니아까지 갔다. 정화의 항해는 콜럼버스의 북아메리카 발견에 못지않은 대단한 항해이다. 그러나 불행하게도 마지막 항해 기록 2회는 명나라 황제가 없애버렸다.

정화의 탐험이 있은 지 65년 후, 1498년에는 포르투갈의 바스코 다 가마(Vasco da Gama, 1469~1524)가 희망봉을 발견한 다음 인도양을 가로질러 인도의 남쪽에 도달했다. 16세기 말에는 마젤란에 이어 세계를 두 번째로 일주한 영국 항해가 프랜시스 드레이크(Francis Drake, 1545?~1596)가 티모르 섬에서 인도양 남부를 가로지르는 데 성공했다.

근대에서 현대로 넘어오면서 인도양은 유럽에서 아시아와 오스트레일리아를 오가고 아시아에서 아프리카를 오가는 중요한 항로가 되었다. 또한 20세기 초 수에즈 운하의 개통으로 인도양의 이용이 크게 늘었다.

거대한 해조류, 켈프

자세히 알아보기

바다에는 켈프(kelp)라는 아주 큰 바닷말(해조류)이 자란다. 갈조류의 다시마목(目)에 속하는 켈프의 길이는 보통 수십 미터이며, 다 자라면 100미터가 넘는 것도 있다.

켈프는 부착기로 바닥에 단단하게 붙어 있으며, 기체가 든 둥근 주머니가 있어 잎 모양의 엽상체가 수직으로 서 있다. 얼마나 단단하게 바닥에 붙어 있는지, 켈프를 끌어올리면 100킬로그램이나 되는 무거운 바위가 매달려 올라오기도 한다. 켈프는 자라는 속도가 매우 빨라서 하루에 1미터 정도 자라기도 한다. 1년이 지나면 30미터가 넘게 자라며, 보통 7년 이상 산다.

켈프는 우리 생활에 아주 유용하게 쓰인다. 켈프에서 얻을 수 있는 유용한 물질로 알긴산을 들 수 있다. 알긴산은 해조에서 추출한 점성이 큰 산(酸)의 일종이다. 치약을 만드는 데 쓰며, 맥주 거품이 빨리 없어지지 않게 하는 데도 쓴다. 이 밖에도 건강을 유지하는 데 꼭 필요한 요오드를 얻기도 한다. 요즘은 켈프를 기르는 양식장도 있다.

켈프 숲에는 주변에 사는 거의 모든 바다 생물이 모여든다. 부착기 부근에는 성게, 해삼, 게, 새우, 불가사리, 군소, 바다가재, 갯지렁이처럼 바닥에 사는 동물들이 모이고, 엽상체에는 해마와 작은 고둥류, 물고기가 모인다.

물에 떠 있는 켈프는 파도를 막아주는 구실도 하고, 난파한 배의 선원들을 구하는 역할도 한다. 바다에 빠져도 켈프를 붙잡고 떠 있을 수 있으니 얼마나 고마운 존재인가!

크리스마스 섬의 장관, 홍게

자세히 알아보기

인도양에는 아주 재미있는 섬이 있다. 인도네시아 자바 섬의 서쪽 끝에서 남쪽으로 360킬로미터쯤 가면 나타나는 오스트레일리아 영토 크리스마스 섬이 바로 그 주인공이다. 이 섬의 높은 지대에 서면 새빨간 게(홍게)를 엄청나게 많이 볼 수 있다. 크기는 어른의 주먹만 한데, 주로 떨어진 나뭇잎을 먹고 산다.

홍게는 해마다 10월 하순부터 11월 사이에 우기가 시작되면 알을 낳으러 바다로 갔다가 6주 후에 돌아온다. 약 1억 2000만 마리 게가 바다로 오고갈 때에는 사람들이 지나다니는 길은 물론 들과 풀밭, 마당, 담벼락이 온통 게로 뒤덮여 문을 열어놓지 못할 정도이다. 또 바닷가의 절벽이 홍게들로 뒤덮인 모습은 마치 새빨간 꽃이 빈틈없이 피어 있는 것처럼 보이기도 한다. 홍게는 건조하면 살지 못하므로 건기가 되면 땅속으로 파고 들어간다.

크리스마스 섬에는 홍게 외에도 야자 열매를 따먹는 야자 게를 포함해 땅에 사는 게가 14종이나 더 있다. 이들은 육지 생활에 잘 적응하였다.

우기가 시작되면 홍게는 산란을 위해 바다로 대이동을 한다. 1억 2000만 마리 게가 이동하다니, 상상만 해도 대단한 광경일 듯하다(출처: 위키피디아).

대서양에는 이상한 곳이 있다

대서양은 태평양의 약 절반 넓이로 지구 표면적의 6분의 1 정도이며 평균 깊이는 약 3650미터이다. 유럽 사람들이 이른바 신대륙이라고 불렀던 아메리카 대륙을 탐험하기 위해 건넜던 대양으로, 유럽 사람들은 이 바다를 '아틀란티스의 대양(Atlantic Ocean)'이라고도 했다. '아틀란티스'는 그리스 전설에 나오는 섬으로 '아틀라스의 섬'이라는 뜻이며, 지진 때문에 이 섬이 어느 바닷속에 잠긴 것으로 상상했던 사람들도 있었다. 한자 문화권에서는 '유럽 대륙의 서쪽에 있는 큰 바다'라는 뜻으로 대서양(大西洋)이라고 부르기 시작했다.

유럽의 북부 해안은 우리나라 동해보다 훨씬 북쪽이지만 수온이 더 높다. 걸프 해류 또는 멕시코 만류라고 부르는 따뜻한 해류가 흐르기 때문이다. 걸프 해류는 미국의 동해안을 거쳐 영국을 지나 스칸디나비아 반도 동쪽 바다까지 올라간다. 해류가 열에너지를 운반하는 덕분에 노르웨이는 겨울에도 별로 춥지 않다. 바다의 위력은 정말 대단하다.

한편, 북쪽에서 내려오는 찬 공기와 따뜻한 바닷물이 만나게 되므로 안개가 많이 생긴다. 영국이 안개로 유명한 것도 이 때문이다.

북대서양으로 올라온 해류는 동쪽으로 갔다가 다시 카나리아 해류가 되어 남쪽으로 흘러 내려온다. 이는 태평양의 해류도 마찬가지다. 북태평양에서는 앞서 말했듯이 아시아 대륙의 동해안을 따라 올라온 쿠로시오 해류가 동쪽으로 흘러갔다가 다시 돌아 내려온다.

고위도의 찬물이 저위도로 가기도 한다. 남극에서 남아메리카 대륙의 서해안을 따라 거의 적도까지 올라오는 훔볼트 해류가 그렇다. 독일 박물학자 알렉산더 폰 훔볼트(Alexander von Humboldt, 1769~1859)의 이름을 딴 이 해류는 주변 바닷물보다 수온이 뚜렷이 낮다. 훔볼트는 해류의 수온을 직접 측정해서 주변 바다의 수온보다 낮다는 것을 발견했다.

대서양에는 여는 바다와는 다른 이상한 곳이 있다. 바로 '버뮤다 마(魔)의 삼각지대' 또는 '버뮤다 삼각지대'로 부르는 곳이다. 이곳은 미국 서부의 플로리다 반도와 대서양의 버뮤다 섬, 푸에르토리코 섬을 잇는, 한 변이 약 1100킬로미터가량 되는 삼각형 모양의 해역이다. 이 해역에는 수많은 비행기와 배가 특별한 이유 없이 사라졌다는 소문이 많다. 버뮤다 삼각지대에서는 아주 옛날, 그러니까 콜럼버스가 북아메리카를 발견했을 때에도 이러한 현상이 나타났다. 이후에도 요트, 비행기, 배들이 갑자기 사라졌다는 보도가 있었다.

처음에는 이 현상들을 기이한 것으로 여겨 많은 언론에서 앞다투어 보도했다. 그러나 최근에는 그러한 실종 자체가 불확실하거나 잘못된 추측이라는 견해가 지배적이다. 거의 모든 사실을 과학적으로 설명하거나 해명할 수 있기 때문이다.

대양에서 배가 갑자기 침몰되는 원인으로 파고가 높은 비정상적인 파도를 생각할 수 있다. 비정상 파도는 보통 파도가 치다가 갑자기 생기는 아주 높은 파도로 이 파도가 갑자기 들이치면 작은 배는 금세 뒤집어진다. 과거에는 선원들이 10층 건물 높이(약 30미터)에 달하는 파도를 보았다고 말해도 좀처럼 믿지 않았다. 이것이 바로 비정상 파도로, 1995년 1월 1일 북해 석유 굴착 시설인 드라우프너(Draupner)에서 기록되었다. 파고 기록을 보면, 5미터가 채 되지 않는 파도가 계속해서 치다가 갑자기 19미터에 가까운 파도가 들이쳤다. 이 파도는 비정상 파도치고는 그리 크지 않은 편에 속한다. 1900년 북해 헤브리디스 제도의 북서쪽에 있는 플래넌 제도(Flannan Isles)에서는 34미터 높이에 달하는 파도의 흔적이 있었고, 등대지기 3명이 사라진 사건이 있었다. 이런 파도는 해안이나 해저 지형에 따라 작은 파도들이 모여 만들어진다는 설과 반대 방향으로 흐르는 두 해류의 파도가 만나 파장이 짧아지면서 파고가 높아진다는 설이 있다.

최근에는 바다 밑에서 메탄가스가 갑자기 솟아올라 배가 가라앉는 것이라는 주장과, 조종사가 메탄가스에 중독되고 비행기 엔진에 불이 붙을 수도 있다는 주장도 나왔다. 앞서 말한 가스 하이드레이트가 갑자기 분출하면 바다가 크게 출렁거려 배가 흔들리고, 물에 기체가 많아져 부력이 줄어들기 때문에 배가 가라앉을 가능성도 있다. 공기가 메탄가스로 가득 차면 그곳을 지나가는 비행기 역시 위험해진다.

일부 과학자들은 가스 하이드레이트가 수심과 매장 깊이에 따른 압력이나 온도로 평형을 유지하다가 평형이 갑자기 깨질 경우 상상을 넘어서는 일이 생길 수도 있다고 한다. 그러나 이 주장은 실험실에서 가능성을 입증한 것일 뿐, 아직 명확하게 증명되지는 않았다.

대서양의 해저 실험실

자세히 알아보기

대서양에 해저 실험실이 있다. 미국 플로리다 주(州) 해안에서 4.5킬로미터 떨어진 산호초 부근 수심 20미터의 바닷속에 설치한 '아콰리우스(Aquarius)'가 그곳이다. 아콰리우스는 1986~1987년에 건설된 이후 몇 차례에 걸쳐 장소를 옮겼다. 지름 3미터, 길이 14미터가량의 원통을 눕혀놓고 지름 1미터가량의 원통을 따로 연결한 거대한 시설이다. 1996년에 여러 시설을 설치한 뒤 1998년부터 연구에 쓰이고 있다.

아콰리우스에는 과학자 10여 명이 잠수부가 가져다주는 음식으로 생활하면서 연구할 수 있는 시설을 갖추고 있다. 이곳에서는 각종 실험은 물론, 필요에 따라 채집도 하며 바다 생물이 살아가는 모습을 자연 상태 그대로 관찰할 수 있다. 보통

대서양 해저 실험실 아콰리우스 외관(사진 출처 NASA)

육지에서 해양생물을 연구하는 것과 달리 아쿼리우스는 실제로 생물이 살고 있는 현장에서 연구할 수 있다는 장점이 있다. 2010년 현재 산호초의 복구와 해양 산성화, 식물의 종과 생장, 수중 음파를 연구하는 음향학을 포함한 여러 연구를 하고 있다.

2011년 브라질도 해저 실험실 건설 계획을 발표했다. 2006년에 해안에서 유전을 발견한 브라질은 과학 연구보다 석유 같은 해저 자원 개발에 해저 실험실을 활용하려는 생각이다. 그래서 아쿼리우스처럼 육지에서 가까운 곳이 아니라 해안에서 560킬로미터 정도 떨어진 곳에 해저 실험실을 세우고 해양생물과 환경 안전 연구는 물론 군사 기술 개발도 할 것으로 보인다.

3장

바다와 기후

바다와 바람과 날씨

바닷물이든 민물이든 물은 흙에 비해 비열이 크다. 그러므로 바다는 육지에 비해 천천히 더워지고 천천히 식는다. 낮에는 육지 쪽의 공기가 빨리 더워져 가벼워지면서 위로 상승하고 바다 쪽의 공기가 육지 쪽으로 옮겨간다. 밤에는 땅이 빨리 식지만 바다 쪽은 따뜻해 바람이 바다 쪽으로 분다. 이렇게 해서 공기는 낮과 밤을 주기로 육지와 바다 사이를 규칙적으로 오간다. 이것이 낮과 밤, 하루를 주기로 부는 해륙풍의 원리이며, 여름과 겨울, 1년을 주기로 불어오는 계절풍의 이치와 마찬가지이다.

바닷물은 태양열로 데워져 증발해 구름이 되었다가 비와 눈이 되어 바다나 땅 위로 떨어진다. 땅 위로 떨어진 물은 지표면 낮은 곳으로 모여든다. 겨울에는 얼고 봄에는 녹아 흐르면서 실개천이 넓은 개천이 되어 호수로 들어가거나 넓은 강이 되어 바다로 흘러든다. 이른바 물의 대순환이다.

한편, 공기는 지구 표면을 두께 1000킬로미터 정도로 둘러싼다. 낮은 곳에는 무거운 분자인 질소와 산소가 많지만 위로 올라갈수록 가벼운 분자인 수소와 헬륨이 많아진다. 또한 공기는 가만히 정지해 있는 것이 아니라 태양의 일사량, 위도나 고도, 지형, 기온, 습도, 수분의 특성에 따라 끊임없이 움직인다.

지구의 공전에 따라 지구 표면에 도달하는 태양 에너지도 1년을 주기로 바뀐다. 공기는 태양열이 뜨거우면 가벼워져 위로 올라가 대류권 상공에서 차가워지고, 무거워지면 다시 내려온다. 그리고 지구의 자전에 따라 움직이면서 무역풍, 편서풍, 극동풍 같은 대기의 순환이 생긴다.

물은 액체라서 바람에 따라 이동하면서도 지구 자전과 지형의 영향을 받는다. 멕시코 만류처럼 적도 더운 곳에서 북쪽의 찬 곳으로 흘러가는 바닷물은 고위도를 따뜻하게 만든다. 반면 남극대륙 주변을 시계 방향으로 돌면서 외부로부터 열과 생물이 들어가는 것을 막는 서풍피류 같은 해류도 있어서, 남극대륙은 춥고 외부의 생물이 많지 않다.

지구 표면의 약 30퍼센트를 차지하는 육지는 열대 밀림, 온대 수풀, 모래와 자갈, 습지와 늪, 툰드라, 맨땅, 얼음과 빙하로 덮여 있다. 군데군데 물이 차 있는 호수와 길고 짧은 강도 있다. 또 해수면보다 400미터가량 낮은 땅, 해발 8800미터가 넘는 높은 땅도 있다. 대륙의 평균 높이에서 두께 2000미터가 넘는 얼음으로 덮인 남극대륙이 2500미터로 가장 높고, 그 다음으로는 아시아 대륙이 800미터 정도이다. 국토의 4분의 3이 사막인 오스트레일리아는 대륙 가운데 가장 작고 고도가 낮으며 평탄하다.

한편, 남극해로 둘러싸인 땅 남극대륙과 대륙으로 둘러싸인 바다 북극

바다에서 증발한 물이 안개와 구름을 만들고 다시 눈과 비와 우박으로 바다에 돌아온다.

해는 지구에서 냉기의 발원지로 중요하다. 육지의 기온은 아주 낮으면 섭씨 영하 89.2도(남극대륙), 아주 높으면 섭씨 64.4도(북동아프리카 아파르 분지의 다롤 지역)나 된다. 이곳은 우기인 9월부터 3월 사이에는 섭씨 25도, 건기에는 섭씨 48도가 되며 연평균 온도는 섭씨 35도이다.

공기의 온도와 습도, 운동을 따라 고기압과 저기압과 전선이 생기며, 구름과 비와 우박, 눈 같은 기상 현상이 생긴다. 날씨란 지구 표면을 둘러싼 방대한 양의 공기, 지구 표면의 약 70퍼센트를 차지하는 바다에 담긴 막대한 양의 물, 끝없이 펼쳐진 넓은 땅, 지구의 운동, 이 4가지 요소가 얽혀 만든 결과이다.

현재는 날씨를 관찰하여 그 결과를 바탕으로 일기 예보를 하지만 아직 부족한 점이 많다. 공기의 순환과 물의 움직임은 밀접한 관계가 있는데 우리는 아직 그 관계를 정확히 알고 있지 못하다.

엘니뇨와 라니냐의 정체는

매스컴에서 자주 오르내리는 용어 가운데 엘니뇨와 라니냐가 있다. 날씨가 무척 덥거나 홍수가 나면 원인을 엘니뇨나 라니냐로 설명한다. 먼저 엘니뇨를 알아보자.

동태평양 상공에는 고기압이 항상 머물러 있다. 이 고기압에서 생긴 바람이 열대 지방에서는 대기의 순환에 따라 적도 쪽으로 분다. 이 바람이 무역풍인데, 반구에 따라 바람의 방향이 달라서 북반구에서는 북동풍, 남반구에서는 남동풍이 된다. 무역풍은 1년 내내 부는 바람으로 옛날에는 이 바람을 이용해 배를 움직여 무역을 했기 때문에 무역풍이라고 이름 지었다.

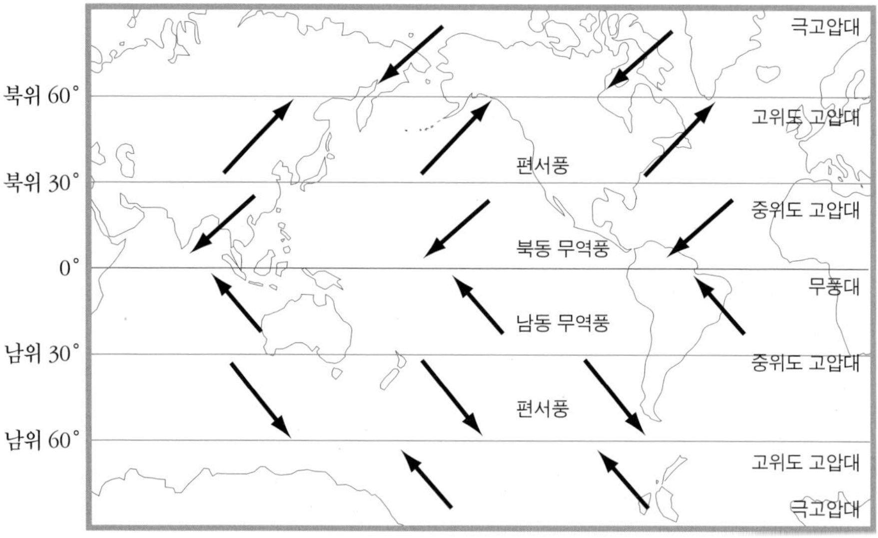

바람의 방향. 북반구와 남반구가 서로 대칭이다.

무역풍으로 적도 남쪽 동태평양의 따뜻한 바닷물이 서쪽 인도네시아 부근까지 밀려가면 태평양의 동쪽, 곧 남아메리카 대륙 서쪽의 페루 앞바다에서는 찬물이 솟아 올라온다. 이 용승류에는 영양염류가 많이 녹아 있어 식물플랑크톤과 동물플랑크톤이 많다. 이처럼 플랑크톤이 풍부해 멸치를 비롯해 멸치를 잡아먹는 수많은 어류와 물새가 몰려든다. 페루가 세계 최대의 수산물 수출국이 될 수 있었던 것은 바로 멸치를 포함한 풍부한 어족 자원 덕분이었다.

그런데 이러한 현상이 때맞추어 나타나지 않는 경우가 있다. 서태평양에 발달한 저기압이 동쪽으로 이동하면 동태평양의 고기압이 약해지고 따라서 무역풍의 위세도 꺾이는데, 이때 바람이 서쪽에서 불어 해수면의 바닷물이 오히려 동쪽으로 밀려온다. 따뜻하고 염분이 높은 해류가 파나마만에서 페루의 리마 남쪽까지 발달한다.

이렇게 동태평양의 표면 바닷물 온도가 보통 때와 달리 올라가면 영양염류가 많은 찬물이 솟아오르지 못한다. 자연히 식물플랑크톤과 동물플랑크톤이 줄어들고 먹이를 잡아먹으려고 몰려드는 멸치가 없어지니 멸치를 잡아먹고 사는 큰 물고기와 바닷새도 줄어든다. 물고기가 잡히지 않으면 수산업뿐 아니라 관련된 모든 산업과 상업이 기울어진다.

페루와 에콰도르의 어민들은 예전부터 이 현상이 매년 크리스마스를 전후해 생긴다는 것을 알았다. 어민들은 크리스마스를 전후해 고기잡이를 나가지 않고 쉴 수 있어 이러한 현상을 좋게 생각하기도 했다. 엘니뇨(El Niño)라는 말은 '남자 아이'라는 뜻으로 '아기 예수'를 뜻한다. 예부터 신앙심이 깊은 그곳 어부들이 크리스마스를 떠올려 지은 말이라고 한다.

해양학에서 엘니뇨는 적도 남쪽 동태평양 바닷물의 표면, 곧 해수면의 온도가 5개월 동안 평년보다 섭씨 0.5도 이상 높은 현상을 말한다. 그런데 이 엘니뇨의 위세가 커지면 남아메리카 연안의 동태평양에만 국한되는 것이 아니라 날짜변경선을 지나 동서로 1만 3000킬로미터에 걸쳐 영향을 미치기도 한다. 수온의 경우, 엘니뇨의 중심부는 평균보다 섭씨 5도 이상 높고, 심하면 섭씨 7~10도까지 높아진다. 바다에서 이 정도 온도 차이는 굉장히 높은 것이다.

엘니뇨에 대한 기록은 19세기 말에도 있었다. 하지만 최근에 가장 극심했던 기록은 1990년에 일어나 1995년까지 지속된 엘니뇨이다. 이렇게 긴 엘니뇨는 관련 기록이 남아 있는 지난 140년간 볼 수 없었던 현상으로, 1995년 7월에야 정상 상태로 돌아왔다. 이 밖에도 위세가 큰 엘니뇨가 제2차 세계대전 이후 약 10번에 걸쳐 일어났는데, 평균 4~5년을 주기로 짧게는 2년, 길게는 10년에 걸쳐 발생했다. 과거의 엘니뇨는 몇 달, 또는 길어야 1년 정도 지나면 사라지는 것이 보통이었다. 그러나 최근 들어 더 자주 생기고 지속 기간도 길어졌다.

1970년대 전반까지 엘니뇨는 남동태평양에서 일어나는 것으로 생각했다. 그러나 1970년대 후반부터는 중부태평양에서도 일어난다. 그에 따라 우리나라와 일본도 영향을 받게 되었는데, 그전까지는 남쪽 바다의 겨울 수온이 약간 올라간 정도였으나 지금은 일본의 동쪽 바다와 남쪽 바다의 겨울 수온이 상당히 높아졌다.

엘니뇨는 거의 전 지구에 걸쳐 폭우와 폭설, 폭풍, 가뭄, 이상고온, 이상저온 같은 여러 기상 이변을 일으키며 엄청난 재산 손실을 가져온다. 봄이나 가을에 엘니뇨가 생기면 지역에 따라 기압과 기단의 배치와 공기 이동에 변화가 생기고, 그 결과 폭우나 가뭄 같은 이상기후 현상이 계속해서 일어나기 때문이다. 예를 들면 아주 더웠던 1997년의 동유럽과 미국, 그리고 1998년 중국과 우리나라의 홍수처럼 보통 때와 다른 날씨는 모두 엘니뇨 현상 때문이었다. 한편, 2010년 동계올림픽이 열린 캐나다 밴쿠버는 엘니뇨 덕분에 그다지 춥지 않았다.

엘니뇨가 있는 해에는 일본의 서쪽과 우리나라에 태풍이 없는 경우가 많다. 이는 태평양의 수온이 높은 지역이 동쪽으로 이동하면서 태풍의 경로가 서쪽으로 움직이기 때문이다. 대신 태풍이 지나가는 중국 내륙 지방에는 태풍의 영향으로 비가 많이 오기 때문에 산사태가 일어날 위험이 생긴다.

최근에는 동태평양이 아닌 중부태평양의 수온이 높아져 엄격한 의미의 엘니뇨와는 다른 현상도 생긴다. 해양학자들은 이를 '온수역 엘니뇨' 또는 '날짜변경선 엘니뇨', '중부태평양 엘니뇨'라고 부르며 과거의 엘니뇨 현상과 구분하여 표현한다. 이 중 1990년대 중반 이후로 자주 생기는 '온수역 엘니뇨'는 지구가 더워지면서 나타나는 현상임이 2009년에 밝혀졌다. 이 현상은 더운 바닷물이 수평으로 움직여 더운 물의 분포가 달라져 생기며, 따뜻한 물이 위에 있어 찬물이 솟아오르지 못해 생기는 엘니뇨와는 다르다.

반면 '여자 아이'라는 뜻의 '라니냐(La Niña)'는 엘니뇨와 반대로 동태평양의 해수면 온도가 5개월 이상 평년보다 섭씨 0.5도 이상 낮아지는 현상을 말한다. 라니냐가 일어나면 동태평양의 바닷물이 더욱 차가워진다. 그 결과 냉수성 어종이 늘어나면서 해양 생태계에 변화가 일어나기도 하고 엘니뇨처럼 기상 이변을 일으키기도 한다. 한 예로 2007년 후반부터 계속된 라니냐 현상으로 2008년 3월 동남아시아 바다의 수온이 섭씨 2도 정도 낮아졌는데, 이 때문에 말레이시아, 필리핀, 인도네시아에는 폭우가 쏟아졌다. 당시 2007년 11월 태평양 해수면 온도를 보면 페루 앞바다부터 파푸아뉴기니 동쪽 바다까지 수온이 아주 낮았다. 또 남북 아메리카 대륙 서해안의 수온도 상당히 낮았다.

2011년 1월 초 오스트레일리아에서 큰 홍수가 났는데, 이때 수많은 가옥과 길이 물에 잠기고 많은 사람이 실종되거나 사망했다. 기상학자들은 이 폭우가 2010년 후반에 생긴 라니냐 현상 때문이라고 해석했다. 실제로 해수면 온도를 감시하는 인공위성으로 2010년 12월 중순부터 2011년 1월 초순에 걸쳐 측정한 온도를 평균한 수온 그림을 살펴보면, 적도를 따라 남아메리카 페루 서쪽 바다부터 오스트레일리아 북동쪽 바다까지 아주 길고 울퉁불퉁한 모습을 띠고 주로 동태평양에 걸쳐 수온이 아주 낮았음을 확인할 수 있다.

미국은 2011년 초부터 지금까지 유례없는 대규모의 폭설, 토네이도, 홍수로 고통을 겪었다. 토네이도란 자동차와 집이 날아갈 정도로 강력한 회오리바람으로, 한번 불면 많은 가옥이 부서지고 적지 않은 인명 피해가 난다. 미국 기상학자들은 그 원인을 '라나다(La Nada)'라는 새로운 이름으로 표현하는데, 스페인어로 '아무것도 아니다', '아무것도 없다' 또는 '공백'이라는 뜻이다. 쉽게 말해서 엘니뇨 다음에는 라니냐가 생겨야 하는데 아무것도 없는 공백이 되었다는 뜻이다. 그런데 왜 이런 공백이 생겼을까?

엘니뇨와 라니냐는 2~7년 주기로 번갈아가며 동태평양 일대의 기후를 결정한다. 그런데 2010년 12월에 생긴 라니냐가 2011년 1~2월에 걸쳐 갑자기 사라진 뒤, 이어서 나타나야 할 엘니뇨가 생기지 않았다. 2010년 12월과 2011년 4월 동태평양 해수 온도를 촬영한 위성사진을 보면 온도의 차이를 알 수 있다. 그러자 북반구 중위도 11킬로미터 상공에 있던 찬 제트기류가 동태평양 일대의 해수면까지 내려와 북아메리카의 기후를 아주 다르게 만들었다. 제트기류의 찬 공기로 미국은 2011년 초 폭설과 혹한에 떨었다. 봄이 되자 멕시코 상공의 따뜻한 공기가 제트기류와 충돌해 미국 남부에 폭우가 내렸고 엄청난 위력의 토네이도가 일어나 수많은 사람들이 목숨을 잃었다.

기상학자들은 라니냐가 사라진 후 엘니뇨가 아닌 라나다가 생긴 이유를 아직까지 명확히 설명하지 못한다. 과거에는 없던 현상이 나타난 것이다. 엘니뇨, 라니냐, 그리고 라나다는 기상과 해양의 복합 현상이라 할 수 있으며, 그 결과는 바다에도 나타나지만 육상에서도 나타난다. 이러한 기상 현상을 제대로 이해하기 위해서는 대양과 대기의 순환과 변화 같은 자연 현상을 계속 관측하면서 그 자료를 종합적으로 분석해야 한다.

지구가 더워지면 어떻게 될까

인도양에는 '지상의 마지막 낙원'이라 불리는 몰디브 제도가 있다. 몰디브 제도는 인도에서 남서쪽으로 600킬로미터 떨어져 있으며, 남북 방향으로 약 1000킬로미터에 걸쳐 1200개가 넘는 산호초로 이루어져 있다. 큰 산호초는 보통 지름이 수십 킬로미터이며 100킬로미터가 넘는 것도 있다. 규모는 크지만 낮게 깔려 있는 환초들이다.

산호초를 보면 그곳에서의 삶이 무척 행복하고 즐거울 것 같다. 새파란 바다와 하늘, 깨끗하고 고운 백사장, 산호와 그 사이를 헤엄치는 각양각색의 물고기, 산들바람에 가볍게 흔들리는 시원한 야자수 그늘…… 모두가 아름답기 그지없다. 그러나 실제 그곳에서 살아가는 사람들의 마음은 그다지 편치만은 않다. 지구가 지금처럼 점점 더워지면 100년 이내에 해수면이 60센티미터에서 1미터가량 상승한다는 예측 때문이다. 바다가 그 정도로 높아지면 인도양과 남태평양의 산호초는 대부분 물에 잠기게 된다. 몰디브 제도의 평균 높이가 1미터이고, 태평양 대부분의 산호초도 1.8미터 정도밖에 되지 않아 지금도 바다 위로 살짝 솟아 있는 정도이다. 그러니 해수면이 조금만 높아져도 이 섬들은 물에 잠길 수밖에 없다.

남십자성이나 마젤란 성운이 반짝이는 시원한 밤, 미풍에 흔들리는 야자나무 아래 누워 찰랑이는 파도를 보고 있어도 이곳 주민들은 낭만을 즐기지 못한다. 고향 땅이 바닷물에 잠길지도 모른다는 생각에 밤잠을 설치기 일쑤이다. 그러나 가만히 앉아서 마냥 걱정만 하고 있을 수도 없기에 몰디브 사람들은 넓이 5제곱킬로미터 정도의 작은 섬을 골라 인근의 산호모래를 퍼다 부어 땅을 높이는 작업을 했다. 그것이 고향을 지킬 수 있는 유일한 방법이라 여긴 것이다. 몰디브 정부는 2010년 3월 물 위에 뜨는 섬을 건설할 것이라고 발표했다. 실제로 그렇게만 된다면 더 이상 물에 잠길 걱정은 하지 않아도 된다.

해수면이 높아진다고 해서 전 세계 바다가 똑같이 높아지는 것은 아니

이 아름다운 곳도 해수면이 상승하면 금세 물에 잠긴다(미국 플로리다 연안).

다. 우리나라 바다를 예로 들면, 현재 해수면이 세계 평균보다 더 많이 올라가 있고 동해안, 서해안, 남해안의 상승 정도도 각각 다르다. 실제 북서태평양은 1년에 5밀리미터 정도 상승해 세계 평균과 차이가 크며, 우리나라 바다에서는 제주도 일대가 가장 빨리 올라가고 남해가 동해보다 빨리 올라간다.

해수면이 높아지면 인도양과 남태평양의 산호초뿐만 아니라 동남아시아의 방글라데시, 미국의 미시시피 강 하류와 플로리다 주, 중국의 '양쯔 강' 하류처럼 지대가 낮은 땅은 모두 물에 잠긴다. 실제로 최근 태평양 키리바시 공화국의 산호초 2곳이 물에 잠겨버렸다.

우리나라는 산이 많아 고도가 높은 것처럼 보여도 해안과 강가는 아주 낮다. 만약 바다가 50센티미터만 높아진다면 우리나라 남서쪽 해안에 있는 목포, 여수, 광양, 군산 같은 항구는 비상이 걸린다. 부산이나 인천도 안심할 형편은 못 된다. 실제로 해수면이 1미터만 높아지면 한반도의 약 1.2퍼센트에 해당하는 2643제곱킬로미터가 물에 잠긴다는 보고도 있다.

오스트레일리아 정부는 산호초가 물에 잠길 경우 생길 '기후난민'을 받아들일 준비를 하고 있었으나 최근에 정책 변화가 생긴 것으로 보인다. 기후난민이란 가뭄이나 홍수 같은 지구 환경 변화로 생긴 난민을 일컫는다.

20세기 후반부터 지구가 점점 더워지고 있다. 실제로 지구 평균 온도는 1998년(14.70도), 2005년(14.77도)에 아주 더웠으며, 2010년 또한 그에 못지않게 더워 1961년부터 1990년까지의 평균 기온보다 0.53도 높은 14.53도나 되었다. 세계기상기구 사무총장이 "2010년의 기록은 지구가 분명히 더워지고 있다는 것을 나타낸다. 기록상 가장 더웠던 10년은 모두 1998년 이후다"라고 말할 정도였다.

이렇게 지구가 더워지는 현상을 '지구온난현상' 또는 '지구온난화'라고 한다. 이러한 온난현상이 일어나는 것은 산업혁명부터 지금까지 엄청나게 태운 석탄과 석유, 공장에서 내뿜는 이산화탄소, 메탄가스, 염화불화탄소 같은 온실가스 때문으로 추정한다. 온실가스가 생기면 지면에서 반사되는 적외선이 밖으로 나가지 못하고 대기 중에서 다시 지면으로 반사되어 대기 온도가 높아진다. 이렇게 지구가 더워지면서 전 세계 해수면은 1년에

2.7~3밀리미터 정도 상승한다. 이는 수온이 오르면서 바닷물이 팽창하고, 극지방의 얼음이 녹기 때문이다.

바닷물이 더워지면 어떻게 될까

바닷물의 온도 상승은 전 세계에 걸쳐 일어나고 있는 현상이다. 예를 들어 미국 샌프란시스코 남쪽의 태평양 연안은 1931년 이후 60년간 온도가 평균 섭씨 0.8도 올라갔고, 더 남쪽 해안은 1951년 이후 40년간 섭씨 1.6도가 올라갔다. 캘리포니아 주 앞바다의 수온이 오르면서 물고기 먹이가 줄어 어획 생산량이 30퍼센트나 줄었다. 물고기가 줄어들면서 바닷새도 종에 따라 90퍼센트나 줄어들었다.

문제는 바다 표면의 수온만 올라가는 것이 아니라는 점이다. 바다 깊은 곳의 수온도 함께 올라가는데 대서양의 경우, 1992년에 확인한 결과에 따르면 수심 2500미터의 수온이 1957년 이후 35년간 평균 섭씨 0.32도가 올라갔다고 한다. 이 추세라면 100년에 섭씨 1도가 올라가는 셈이다. 깊은 바다의 온도가 이렇게 올라간다는 것은 정말 심각한 일이다. 북태평양의 수온은 2100년까지 섭씨 3도가량 높아질 것이라는 예측도 있다.

최근에는 바닷물이 음파를 전달하는 속도의 변화를 이용해 바닷물의 온도 변화를 알아보는 연구를 진행하고 있다. 음파의 속도는 수온, 염분, 수심에 따라 다른데 그 가운데 온도의 영향을 가장 많이 받는다. 바닷물의 수온이 섭씨 1도 높아지면 음속은 1초당 4.2미터가량 증가한다. 그러므로 만약 물의 온도가 지금처럼 높아진다면 10년 후에는 음파가 태평양을 건너오는 데 약 1.5초 빨라질 것이다.

현재 미국 캘리포니아 주 앞바다에 설치한 수중 스피커가 시간에 맞추어 소리를 내면 태평양 연안에 있는 다른 나라에서 그 소리를 받아 기록하고 있다. 20~30년가량 꾸준히 기록하면 바닷물의 온도 변화를 알 수 있을 것이다. 그런데 이 연구를 시작하기 전에 몇 가지 우여곡절이 있었다. 수중 스피커 소리에 "고래의 귀가 먼다", "물개가 죽는다" 또는 "물고기가 사라진다"고 주장하는 환경단체들의 반대가 컸던 것이다. 아직까지는 이로 인한 영향이 나타나지는 않았지만, 영향을 파악하려면 오랜 기간에 걸쳐 관찰해야 하므로 섣불리 결론을 내리기에는 아직 이르다.

한편, 지구가 더워지는 원인이 단순히 자연 현상에서 비롯된 것이라는 주장도 있다. 그러나 남극대륙의 얼음을 조사한 것을 보면 지구온난현상은 인간에게서 비롯된 것임을 알 수 있다. 과거에는 기온이 오르락내리락하였으나, 1만 1700년 전 최대로 올라간 다음에는 거의 같은 기온을 유지했다. 이는 인류가 약 1만 년 전 농사를 짓기 시작하면서 뿜어낸 이산화탄소의 영향으로 보인다.

수온이 올라가면 산호말과 같은 조류(藻類)가 죽어 바다 밑바닥이 하얗게 변하는 이른바 '백화현상'이 생긴다. 산호말이란 산호처럼 석회질의 탄산칼슘을 지닌 홍조류로, 마치 산호처럼 생겼다 해서 이름이 붙었다. 하지만 산호는 동물이고 산호말은 식물이므로 전혀 다르다. 이 산호말이 번성했다가 죽으면 석회 성분인 탄산칼슘 때문에 하얗게 보이는데 이를 백화현상이라 한다. 산호말은 높은 수온에서 잘 자라는 반면 우리가 흔히 보는

백화현상이란 수온이 높아지면서 산호말과 같은 석회 조류가 발달해 바다 밑바닥이나 바위 따위가 하얗게 변하는 현상이다.

다시마, 미역 같은 갈조류는 수온이 올라가면 녹아 없어진다.

또 바닥에 산호말이 번식하면 다시마나 미역이 달라붙을 장소를 얻지 못해 잘 자라지 못한다. 그래서 수온이 올라가 산호말이 번성하면 바닷속이 황폐해진다. 현재 우리나라 연안의 얕은 바다에는 이러한 백화현상이 상당히 진행되고 있다. 백화현상이란 한마디로 '바다가 사막이 되는 현상'이다.

바닷물의 온도가 올라가면 백화현상 외에 또 다른 문제가 생겨난다. 바로 플랑크톤을 포함하여 바다에서 사는 생물의 수가 줄어드는 현상이다. 플랑크톤이 줄어들면 그들을 먹고 사는 작은 물고기의 수가 줄어들고, 물고기가 줄어들면 그들을 먹고 사는 큰 물고기와 바닷새가 사라진다.

백화현상은 우리나라뿐만 아니라 오키나와 주변 산호초에도 일어난다.

수온이 높아지면서 산호와 공생하는 단세포 바닷말인 조류가 없어지기 때문이다. 열대 해역에서 자라는 산호는 몸 안에 와편모조류의 일종인 조류와 공생하는데, 먹이가 부족한 열대 해역에서는 이들이 광합성을 해서 만든 유기물이 산호의 영양분으로 쓰인다. 공생 조류는 산호가 호흡할 때 나오는 이산화탄소를 이용해 광합성을 하는데, 이들이 가진 엽록소를 비롯한 광합성 색소 때문에 산호의 색깔이 녹색, 갈색, 붉은색을 띤다. 그러나 수온이 올라가면 이들과 공생하는 조류가 없어지고 결국 산호도 죽는다.

산호가 사라지면 자연히 산호초도 사라진다. 만약 지금처럼 수온이 계속 높아지면 2060년에는 카리브 해 연안의 산호가 절멸할 것이다. 깨끗하고 따뜻하고 얕은 바닷물에서 사는 산호는 매우 예민한 동물로 수온이 섭씨 2.5도만 올라가도 산호 대부분이 사라질 것이라는 게 산호 전문가들의 예측이다. 열대 바다의 아름다운 산호를 더 이상 볼 수 없을지도 모른다.

한편 바닷물이 따뜻해지면 태풍이 더 자주 일어나고 더 강해진다. 언뜻 생각하면 바다가 따뜻한 것과 태풍은 관계가 없어 보이지만 그렇지 않다. 태풍은 열대 바다의 수온이 섭씨 27도보다 높아지면 일어날 가능성이 훨씬 커진다. 수온이 올라가면 그만큼 바다에 에너지가 많아지고, 이때 바다는 태풍을 통해 에너지를 쏟아낸다.

예전에는 태풍이 태평양 적도 바로 북쪽에서 발생하여 북위 30도 북동무역풍대까지는 북서 방향으로 가다가 더 북쪽 편서풍대에서 북동 방향으로 방향을 바꾸는 게 보통이었다. 그러나 태풍의 위력이 커지면서 태풍이 지나가는 길을 예상하기 어려워져 태풍의 피해가 더 커질 수 있다.

바닷물이 산성화 되면

대기 속에 있는 이산화탄소는 25퍼센트 정도가 바닷물에 녹아 들어간다. 대기 중에 이산화탄소가 많아지면 그만큼 바닷물 속으로 많은 이산화탄소가 녹는다. 이산화탄소가 물에 녹으면 수소이온(H^+)이 만들어지므로 산성도(pH)는 낮아진다.

이처럼 바닷물이 산성화되면 익족류(翼足類)처럼 탄산칼슘 껍데기가 있는 동물의 껍데기가 녹을 위험이 있다. 익족류는 지느러미 2장을 마치 날개처럼 움직여 헤엄치므로 '바다나비'라고도 부르는 동물플랑크톤이다.

2008년 이산화탄소가 솟아오르는 바다 밑바닥에 사는 생물들의 모습이 세상에 알려졌다. 남부 이탈리아 나폴리에서 좀 떨어진 이시아(Ischia)섬 부근 해저에는 화산의 영향으로 이산화탄소가 방울방울 솟아난다. 이산화탄소가 솟아나는 곳에서 좀 떨어진 곳은 산성도가 그다지 낮지 않고 바닷물에 이산화탄소의 양도 많지 않았지만, 아주 가까운 곳은 산성도가 크게 낮고 이산화탄소의 양도 아주 많았다. 이산화탄소가 솟아나는 해저에는 동물들이 보이지 않아 아주 황량했다. 반면 이산화탄소가 솟아나지 않는 바다 밑바닥에는 성게, 해면, 거북손, 산호, 물고기가 있어 생태계가 살아 있었다. 이처럼 이산화탄소의 양에 따라 바다의 생태계가 결정된다.

이산화탄소가 많아져 지구가 더워지는 현상은 바다의 산성화와 관련이 깊기 때문에 사람의 잘못이 크다. 지금까지 인류가 뿜어낸 이산화탄소의 양은 약 5000억 톤이 넘는 것으로 생각된다. 2011년에도 이산화탄소 316억 톤을 배출했다. 현재 대기 속에는 과거 80만 년 전 이후 가장 많은 양의 이산화탄소가 들어 있다.

바다로 엄청난 양의 이산화탄소가 녹아든다. 실제 1990년대에서 2000년대 중반까지 15년간 전 세계 바다에서 화학 성분 7만 7000점을 조사한 결과, 지난 200년간 사람이 뿜어낸 이산화탄소의 30퍼센트 정도가 바다로 흡수되었다는 사실을 알게 되었다. 지금도 매 시간 대략 100만 톤의 이산화탄소가 바다로 녹아 들어간다.

순수한 물은 산성도가 7.0이고 바다 표면의 바닷물은 8.2에 조금 못 미친다. 그러나 이산화탄소가 대기 중에 많아지면서 바다 표면의 산성도가 약 8.1 정도로 낮아졌다. 0.1이라는 수치가 아무것도 아닌 것 같아도 이는 바닷물의 산성이 약 30퍼센트 정도 더 심해졌다는 것을 뜻한다. 현재 추세라면 2100년에는 바닷물의 산성도가 7.8 정도 될 것으로 예측된다. 그 정도면 산업혁명이 시작되기 전의 바닷물보다 산성도가 150퍼센트가량 늘어난 격이 된다.

지구 역사를 통틀어 과거에도 대기 중에 이산화탄소가 아주 많았던 때가 있었지만 대기와 바닷물 속의 이산화탄소와 바다 생물은 평형을 유지하며 잘 살아왔다. 그러나 사람 때문에 약 250년 전부터 그 평형이 깨지기 시작했다. 이러한 상태로 계속해서 바다가 산성으로 변하면 굴과 조개를 포함하여 껍데기가 있는 연체동물이 줄어들 수밖에 없다.

⚓ 지구가 더워지면 우리나라 바다는 어떻게 될까

우리나라 동해에는 어떤 현상이 나타날까? 먼저 물에 녹아 있는 산소가 줄어들고 수온이 올라가 동해 바닷물의 성질이 바뀌게 된다. 동해 바닷물에 녹아 있는 산소의 양이 1932년에 6.05피피엠(ppm)이었던 것이 1950년에는 5.57, 1960년에 5.55, 1970년에 5.37, 1980년에 5.17, 1990년에 4.98, 1995년에는 4.88피피엠으로 계속해서 줄어들고 있다.

겨울철에 차고 건조한 바람이 불면 동해의 북동쪽 바다에서는 차고 무거워진 물이 수심 1000~2000미터 깊이로 가라앉으면서 산소를 동해의 깊은 곳까지 운반한다. 이때 찬물이 가라앉지 않으면 산소가 공급되지 못한다. 산소가 바다 깊이 들어가지 못하면 바닥에 사는 생물은 호흡을 하기 어려워진다.

동해 표층의 수온은 20세기 들어 섭씨 약 2도 정도 올랐다. 1990년대에만 섭씨 0.67도가 올라갔다는 연구도 있다. 또 동해의 남쪽이 북쪽보다 빨리 온도가 상승했다. 과학자들은 이렇게 동해의 수온이 올라가고 바닷물 속에 녹아 있는 산소가 줄어드는 것을 지구온난현상으로 수온이 높아져 바닷물이 깊이 가라앉지 못하기 때문인 것으로 설명한다. 실제로 과거 동해 밑바닥을 흐르던 물은 없어지고 중간층을 흐르는 물이 동해 전체를 차지하고 있다.

지구 온도가 상승하며 차가운 바닷물이 점점 더워지면서 바다 생태계가 바뀌고 있다. 우리 바다에서 잡히는 물고기 종도 달라지고 있다. 예를 들어 비싸게 팔리는 참치는 우리나라 남해의 욕지도 남쪽 먼바다에서 겨울을 넘겨 양식할 수 있을 정도로 우리나라 바닷물에 적응했다. 이런 식으로 변한다면 머지않아 백상아리가 동해에도 나타나고 울릉도와 독도에서 아름다운 산호와 다양한 아열대 물고기를 볼 수 있을 것이다. 실제로 바닷물이 따뜻해지면서 아열대 물고기들이 북쪽으로 분포를 넓혀가고 있다. 제주도 부근에 살던 자리돔이나 파랑돔이 지금은 울릉도와 독도에서도 발견된다.

자세히 알아보기

동해가 흑해처럼 돼?

흑해로는 지중해의 더운 물이 들어오고 동해로는 찬물과 더운 물이 함께 흘러 들어온다. 최대 수심 2245미터인 흑해는 보스포루스 해협을 통해 지중해와 연결되는데, 흑해의 아래층에 있는 물은 염분이 높고 무거워 제대로 순환하지 못한다. 그러므로 깊은 곳까지 산소가 공급되지 않아 아래층에는 산소와 생물이 없는 대신 황화수소가 많고, 물고기들은 표층수에서만 산다. 만약 동해의 수온이 흑해와 비슷해져 찬물이 밑으로 가라앉지 않는다면 동해는 물이 순환하지 못하는 흑해와 유사한 상황을 맞이할 것이다.

유럽 남동부와 서아시아 사이에 있는 바다 흑해는 내해(內海)이기 때문에 표층수와 심층수의 순환이 작다.

⚓ 지구가 더워지는 것을 늦추려면

과학자들은 지구온난화에 대처하는 방법을 개발하고 있다. 한 예로 온실가스를 뿜어내고 점점 고갈되는 석유나 석탄을 쓰지 않고도 전기를 만드는 조력, 조류, 파력 등 신재생 에너지 개발을 들 수 있다. 하지만 어느 나라나 이러한 방식으로 전기를 만들 수 있는 것은 아니다. 우리나라 서해안은 잘 알다시피 조차가 크기 때문에 조력 발전소를 지을 수 있지만, 전 세계에서 조력 발전소를 지을 수 있는 여건을 갖춘 나라는 많지 않다.

또 이산화탄소를 덜 뿜어내거나 아예 뿜어내지 않는 자동차 엔진을 만들기도 한다. 우리나라에도 전기와 휘발유를 함께 쓰는 자동차가 나와 있다. 앞으로는 전기 자동차가 많아질 것이며, 수소 자동차 개발 이야기도 나온다. 조력, 조류, 파력 이외에도 바람이나 태양열, 원자핵 융합을 이용해 에너지를 얻을 수 있다.

현재 우리는 원자력 발전에 많이 의존하고 있지만, 원자력 발전의 위험성을 우려하는 견해도 있다. 원자력 발전소는 전 세계에 걸쳐 약 500개 정도가 있는데, 이 가운데 미국의 스리마일 섬 사건과 우크라이나의 체르노빌 사건이 문제가 되었다. 스리마일 섬 사고는 사소한 방사능 유출이었고, 체르노빌 사고는 큰 비극이었다. 2012년에는 일본 후쿠시마 원자력 발전소에서 해저지진에 따른 해일로 사고가 발생하였다. 해일 때문에 발전소 냉각 시스템이 고장 나면서 방사능 물질이 흘러나온 것이다. 관리를 잘 하면 문제가 없지만, 만약 대형 사고가 일어나면 문제가 커지는 것이 원자력 발전이다.

그럼에도 원자력 발전의 비중은 커지고 있다. 프랑스 경우 현재 에너지 수요의 80퍼센트 이상을 원자력 발전으로 충당하고 있고, 중국도 앞으로 20년간 원자력 발전소 30개를 지을 계획이다. 미국은 2010년 스리마일 섬 사고 이후 30년 만에 원자력 발전소를 다시 짓겠다고 발표했다. 반면 독일은 원자력 발전을 폐기하겠다고 발표했는데 이를 대체할 방법이 필요하다.

당연한 이야기지만 지구온난화를 방지할 수 있는 대책으로 가정에서는 전기를 아껴 써야 한다. 여름에는 될 수 있는 한 적정냉방온도(26도)를 지키고, 자가용보다는 버스나 지하철 같은 대중교통을 이용해야 한다. 독일 태생의 영국 경제학자 에른스트 슈마허(E. F. Schumacher 1911~1977)의 말처럼 "작은 것이 아름답다"라는 가치를 실천해야 한다. 사소해 보이는 일이지만 막상 실천하려면 어려울 수 있다. 그러나 작은 실천이 모여야만 에너지 절약에 큰 성과를 거둘 수 있다.

4장

깊은 바닷속 이야기

심해는 최고의 냉장고

1968년 10월 대서양 수심 1600미터 되는 곳에 심해 유인잠수정이 가라앉으면서 연구원들의 점심 식사가 함께 가라앉은 일이 있었다. 하지만 그로부터 10달 후 잠수정을 인양했을 때 놀랍게도 먹을 수 있을 정도로 신선했다.

그 일이 있기 전까지 사람들은 깊은 바닷속에서 식품이 이렇게 오래 보존되리라고는 생각하지 못했다. 그러나 깊은 바다는 수온이 낮아 냉장고 역할을 해서 식품이 상하지 않았던 것이다.

깊은 바다는 깨끗하고 영양분이 많지 않을뿐더러 세균이 많이 살지 않는데, 살더라도 수압이 높은 곳에서도 견디는 몇몇 친압성(親壓性) 세균이 산다. 실제 박테리아의 밀도를 살펴보면 심해에서는 연안 바다의 1000분의 1 또는 1만 분의 1로 아주 낮다.

동해는 최대 수심이 약 3700미터로, 매우 깊은 바다이다.

과학자들은 깊은 바다에서 박테리아가 고래 뼈의 기름을 분해하는 과정을 연구하기도 한다. 깊은 바다의 온도는 항상 섭씨 1~2도이고 수압이 매우 높은 일종의 극한 환경에 속한다. 이런 극한 환경에서 박테리아가 고래 기름을 분해하는 과정을 연구하면, 기름때를 없애는 효능이 뛰어난 비누나 세제를 만들 수 있다.

바닷속에 내리는 눈

자세히 알아보기

바다 아주 깊은 곳에서 위를 쳐다보면 무엇이 보일까? 표층에서 살다가 죽은 식물플랑크톤이나 동물플랑크톤, 물고기, 기타 크고 작은 동물의 사체와 배설물이 마치 하얀 눈이 내리는 듯 깊은 바다 밑으로 가라앉는다. 해양학자들은 이것을 '바다 눈(Marine snow)'이라고 부른다. 바다 눈은 깊은 곳에 사는 동물들의 중요한 먹이가 된다.

마치 눈이 내리듯 바다 밑으로 가라앉는 바다 눈. 사진은 심해 무인잠수정 해미래의 카메라로 본 바다 눈 풍경

바닷속 수압은 얼마나 될까

깊은 바닷속에서는 수압이 얼마나 높을까? 물이 내리누르는 힘, 즉 수압은 대략 10미터 깊어지면서 1제곱센티미터마다 1킬로그램씩 늘어난다. 그러므로 수심 1000미터에서는 1제곱센티미터 면적에 100킬로그램의 수압을 받는다. 따라서 깊은 바닷속으로 들어가는 잠수정에 사람이 타는 조종실은 강한 수압에도 찌그러지지 않도록 티타늄 합금으로 아주 단단하게 만들어야 한다.

그런데 게나 새우, 조개 따위는 단단한 껍데기가 있지만 그토록 높은 수압을 견딜 만큼 강해 보이지 않는다. 깊은 바닷속에 사는 생물은 특별한 장치가 없음에도 어떻게 높은 수압에 견디는 걸까?

바닷속에 살고 있는 생물은 몸 내부의 압력이 물의 압력과 균형을 이룬다. 그래서 물의 압력 때문에 몸이 눌리지 않는다. 그러므로 수심 5000미터에도 해삼이 있고 갯지렁이 같은 벌레가 살 수 있다. 물고기 역시 헤엄을 치는 데 전혀 어려움이 없다. 몸의 구조 자체가 수압과 균형을 유지하며 살 수 있도록 만들어졌기 때문이다. 게나 조개 또는 새우가 껍질이 단단한 것은 수압에 견디기 위해서가 아니라 적에게 쉽게 잡아먹히지 않기 위해서이다.

컵이 깊은 바다로 들어가면 어떻게 될까

자세히 알아보기

깊은 바다로 스티로폼 컵을 가지고 가면 모양이 어떻게 될까? 우선 크기가 줄어들어 장난감 컵처럼 보인다. 어떻게 이런 일이 생기는 걸까?

수심 5000미터인 경우 1제곱센티미터에 500킬로그램의 압력이 미친다. 그러므로 컵의 표면적이 80제곱센티미터라면 전체적으로 40톤의 수압을 받는 셈이다. 이 수압이 컵을 강하게 누르기 때문에 크기가 작아진다. 컵 표면이 쪼글쪼글해진 것은 강한 수압으로 스티로폼 속에 있던 빈틈이 쪼그라들었기 때문이다. 빈틈이 쪼그라들어 컵은 아주 단단해진다.

반면 달걀은 날달걀이든 삶은 달걀이든 수심 5000미터까지 내려가더라도 깨지지 않는다. 달걀 속이 꽉 차 있기 때문에 깨지지 않으리라 생각되지만, 달걀 안에 공기집이 있는데도 깨지지 않는 것은 참으로 신기하다. 그러나 달걀껍질은 압력으로 얇아지는 대신 단단해진다.

양식장 부이 원래 모습(오른쪽)과 수압에 축소된 모습(왼쪽)

깊은 바다에 사는 동물의 특징

깊은 바다에 사는 동물들에는 어떤 특징이 있을까?

첫째, 많은 동물이 몸에서 빛을 발산한다. 어떤 때는 그 빛이 마치 반딧불이가 내는 빛처럼 환하게 보이기도 하고, 어떤 때는 희미하기도 하다. 많은 심해 동물들에 발광기관이 있는데, 빛으로 먹이를 유인해 잡아먹는다. 또 번식기가 되면 암컷과 수컷이 서로 짝을 찾는 데 빛을 이용하기도 한다.

둘째, 몸 색깔이 주로 진한 붉은색이나 갈색, 자주색이나 검은색이다. 바다가 깊어지면서 붉은색은 흡수돼버리고 푸른색 계통의 빛만 남게 되는데, 몸 색깔이 붉으면 자기 몸을 감출 수 있기 때문이다. 이는 마치 푸른색 셀로판지를 눈에 대고 붉은색 물체를 보면 검게 보이는 것과 같은 이치이다. 그래서 먹이가 되는 생물의 몸 색깔이 붉으면 포식자의 눈에 잘 띄지 않게 된다.

심해에 사는 동물 가운데는 몸이 투명하거나 하얀 것도 많다. 해파리나 오징어 등은 왜 몸이 투명할까? 몸이 투명하면 천적의 눈에 띄지 않아 유리한 점이 많다. 한편, 열수분출공 주변에 사는 게나 대합 등은 몸 색깔이 하얗다. 심해에는 빛이 없어 몸의 색소가 없어졌기 때문이다. 실제 동물의 피부에 있는 색소는 태양의 자외선을 상당 부분 차단한다. 사람의 피부를 예로 들면, 햇빛이 약한 노르웨이나 핀란드 같은 북유럽 사람들의 피부는 아주 희다. 반대로 햇빛이 강한 적도 지방에 사는 흑인의 피부는 우리 같은 온대 지방 사람의 피부보다 훨씬 검다. 북유럽 사람의 희고 투명한 피부를 떠올려 보면 햇빛이 닿지 않는 심해에 사는 게나 조개의 몸 색깔이

태평양 수심 5000미터 해저에서 채집한 단각류. 얕은 바다에 사는 같은 계통의 종보다 몸이 훨씬 크다.

왜 하얀지 설명이 된다.

셋째, 대체로 사납게 생겼다. 상당수의 심해 물고기는 입이 아주 크고 송곳처럼 가늘고 긴 이빨이 여러 개 있어 얕은 바다의 물고기와는 모양이 완전히 다른 험상궂은 모습을 하고 있다. 심해는 먹이가 적기 때문에 한번 눈에 띈 먹이를 놓치지 않기 위해 생물들의 입이 커지고 이빨이 날카로워졌다.

넷째, 기이한 행동을 한다. 예를 들어 심해아귀는 수컷이 암컷을 발견하면 암컷의 배를 문다. 한번 물면 놓지 않아 수컷은 평생 주둥이를 암컷 배에 붙이고 산다. 또한 수컷은 크기가 암컷보다 아주 작아 암컷에게 영양분을 얻어먹고 살며, 번식기 때 정자를 제공한다. 심한 경우에는 암컷 1마리에 수컷이 8마리까지 붙어 있는 경우도 있다. 심해에는 생물의 수가 많지 않기 때문에 짝을 보면 붙어 떨어지지 않는 것이다.

자세히 알아보기

문어 + 오징어 = 흡혈박쥐문어?

지금부터 150년 전만 해도 사람들은 햇빛이 닿지 않는 심해에는 생물이 없다고 믿었다. 햇빛이 닿지 못하면 식물이 없을 것이고, 따라서 동물도 없을 거라고 생각했기 때문이다. 그러나 그 후 깊은 바다에서 생물을 채집하면서 생각이 틀렸다는 것을 알게 되었다.

깊은 바다는 생물이 살기 어려운 곳임에 분명하다. 하지만 놀랍게도 그곳에도 생물체가 있으며 게다가 기묘하게 생긴 동물이 많다. 그 가운데 하나가 바로 축구공만 한 크기의 흡혈박쥐문어(vampire octopus)이다. 이름도 무시무시한 흡혈박쥐문어는 오징어와 문어를 반반씩 닮은 기묘한 모습이다.

동그스름한 머리는 문어를 연상시킨다. 그리고 머리 양쪽에 난 둥글고 큼직한 귀처럼 보이는 지느러미는 오징어를 닮았다. 오징어처럼 다리가 10개 있는데 그중 8개는 살이 통통해서 문어 다리를 닮았다. 각각 다리는 얇은 막으로 연결되어 다리를 펼치면 마치 검은 망토나 둥근 꽃을 보는 것 같다. 나머지 다리 2개는 가늘고 길어 생식기 역할을 한다.

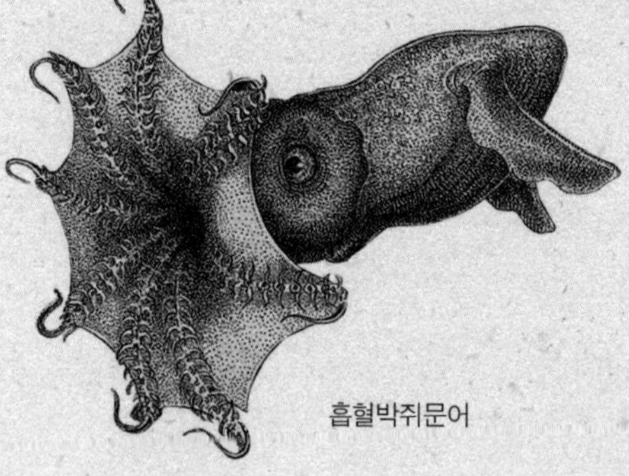

흡혈박쥐문어

몸은 진한 갈색을 띠며 눈은 우윳빛이 감도는 푸른색이다. 1903년에서야 사람들의 눈에 띈 이 신비한 생명체의 이름이 어떻게 흡혈박쥐문어가 되었을까? 양쪽에 달린 큼직한 지느러미가 흡혈박쥐를 연상케 했기 때문이다.

흡혈박쥐문어는 동물 진화 과정의 '잃어버린 고리'로 생각된다. 중생대 쥐라기 중기(약 1억 6500만 년 전)에 나타난 흡혈박쥐문어는 '살아 있는 화석'으로 불리며 단단한 껍데기가 있던 두족류(頭足類)로 각각 오징어와 문어로 발전하기 전 단계의 연체동물이다. 약 5억 년 전에 나타난 오징어와 문어의 먼 조상은 단단한 껍데기 속에 부드러운 몸이 들어 있었다. 그러나 그 후 두족류는 껍데기를 벗고 헤엄을 치며 몸 색깔을 바꿀 수 있고 먹물을 내뿜을 수 있게 진화했다. 먹물은 단순히 천적의 시야를 가려 자신을 방어할 뿐만 아니라 마취 성분도 있어 천적이 정신을 차리지 못하게 한다. 지금도 단단한 껍데기 속에 몸이 들어 있는 두족류의 예를 남태평양의 앵무조개에서 볼 수 있다.

앵무조개

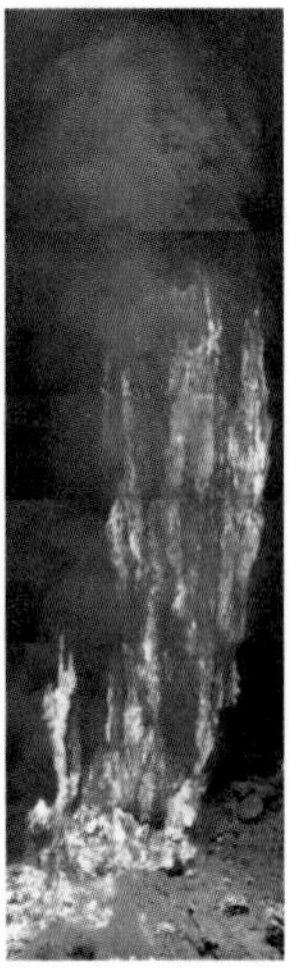

열수분출공

1970년대에 이르러 깊은 바다에서 더운 물이 솟아나는 열수분출공과 그 주변에서 서식하는 낯선 동물들을 발견했다. 1972년 갈라파고스 인근 바다에서 섭씨 17도의 따뜻한 물이 솟아나는 것을 확인했다. 이는 바위틈으로 스며든 물이 마그마의 열로 데워져 솟아나는 물이었다. 1973년 3월에는 열수분출공에서 검은 연기가 솟아나며 주위에 동물들이 빈틈없이 모여 있는 것을 발견했다. 그중에는 흰 조개, 흰 게, 말미잘, 다리가 긴 거미불가사리, 가끔 새우도 있었다. 길이가 1미터는 될 정도의 둥글고 하얀 관 속에 새빨간 혀처럼 생긴 영양체가 20~40센티미터씩 솟아난 관벌레를 비롯해, 모두가 처음 보는 동물이었다. 게다가 빽빽하게 모여 있었으니 전혀 상상하지 못한 광경이었다. 검은 연기란 섭씨 300~400도의 뜨거운 물속에 녹아 있는 금속 성분이 찬물을 만나면서 생기는 현상이었다.

이는 20세기 지구과학에서 중요하고도 위대한 발견 중 하나이다. 과거에도 심해에 생물이 있다는 것은 알았지만 그렇게 신기하게 모여 있으리라고는 생각하지 못했다. 열수분출공 생태계는 박테리아가 물속에 녹아 있는 화학 성분을 이용해 화학합성하는 것을 근간으로 유지된다. 박테리아가 육지에서 식물이 하는 역할을 하는 것이다. 과학자들은 이곳이 지구상에 생물이 처음 나타난 곳이 아닐까 생각하고 있다.

1984년에는 찬물이 솟아나는 냉수분출공과 그 주변 생명체들도 발견했다. 미국의 생물학사들은 플로리다 농쪽 수심 3266미터 지점에서 섭씨

2~3도의 찬물이 솟아나는 주변에 동물들이 밀집해 사는 것을 발견했다. 이런 곳에서는 황화수소와 메탄, 다른 탄화수소가 솟아나고 염분이 아주 높을 수도 있다.

멕시코만에는 수심 550미터에서도 냉수가 솟아나는 반면, 가장 깊은 냉수분출공은 일본 해구의 7326미터 지점에서 발견되었다. 여기에 있는 동물은 게, 조개, 홍합, 물고기, 새우, 고둥, 삿갓조개, 말미잘, 불가사리, 거미불가사리, 해삼, 관벌레를 포함해 200종이 넘는다. 그 가운데 13종은 열수분출공에도 있지만 대부분 과거에는 발견되지 않았던 신종이다. 그런데 이 200종 가운데 3분의 1 정도가 해저에서 스며 나오는 원유 또는 유기물이 썩어 생기는 부산물인 황화수소나 메탄가스를 먹는 박테리아와 공생하는 것으로 알려져 있다. 실제로 조개 아가미에는 박테리아가 많이 산다.

냉수분출공에서는 석유, 메탄가스, 가스 하이드레이트, 아주 짠 염수가 솟아나오는 경우도 있다. 박테리아는 진흙에서 가스 하이드레이트의 주성분인 메탄가스를 만들어낸다.

냉수분출공에도 수명이 있다. 시간이 갈수록 솟아나오는 기체가 줄어들면 메탄가스를 먹고 사는 박테리아가 죽으면서 이들과 공생하던 조개도 죽는다. 그러나 바닥의 흙 속에 있는 황화물을 이용하는 황화박테리아는 살아남아 이들과 공생하는 관벌레는 종에 따라 최대 250년까지도 산다.

지금까지 태평양과 대서양, 지중해에서는 깊고 찬물에 서식하는 동물 집단이 발견되었다. 그러나 아직 연구가 많이 되지 않은 인도양과 남극에서는 거의 발견되지 않았다.

깊은 바다로 들어간 사람들

사람들은 에베레스트와 같은 높은 산에 오르고 달과 우주에 관심을 갖듯 깊은 바닷속에도 흥미를 가진다. 그 가운데 한 사람이 바로 스위스 물리학자 오귀스트 피카르(Auguste Piccard, 1884~1962)이다.

피카르는 생각한 것을 만들어낼 수 있는 기술과 아이디어가 넘치는 천재로, 일찍이 아인슈타인의 실험 기기를 만들어준 것으로도 유명하다. 1931년에는 알루미늄으로 기구를 만들어 14.4킬로미터 상공까지 올라가 그 당시에 가장 높이 올라간 기록을 세우기도 했다. 피카르는 1933년 시카고 박람회에서 미국 심해 생물학자 윌리엄 비브(William Beebe, 1877~1962)를 만난 것을 계기로 심해를 탐험할 수 있는 잠수구를 만들었다. 비브는 1930년 6월에 수심 약 800미터의 심해에 들어가 그곳에 사는 생물을 관찰한 이야기를 책으로 써서 큰 인기를 얻었다. 그는 1934년에 또다시 934미터 심해로 들어가 새로운 기록을 세웠다.

비브를 통해 심해의 신비로움을 알게 된 피카르는 1940년대와 1950년대에 걸쳐 과거의 심해 탐사장비와는 다른 새로운 잠수정을 만들었다. 그렇다면 피카르가 만든 새로운 잠수정은 어떠했을까?

과거의 잠수구는 로프로 모선(母船)에 연결되어 있어 모선이 파도에 흔들리면 같이 흔들렸다. 그만큼 불안했고 위험했다. 반면 새로운 잠수정은 로프로 연결되지 않아 더 안정적이었다. 무엇보다도 바닥에 마음대로 닿을 수 있는 것이 최대 장점이었다. 잠수정이 모선에 연결되면 특정 지점에 안착하는 것이 어려웠기 때문이다. 새 잠수정은 어떻게 모선과 연결되지 않고도 오르내릴 수 있었을까?

잠수정은 기구와 같은 원리로 만들어졌다. 가벼운 기체를 채워 부력을 얻는 기구처럼 잠수정에 가벼운 휘발유가 들어 있어 부력을 얻을 수 있게 했다. 잠수정은 내려갈 때는 무거운 추를 달고 내려가고, 올라올 때는 추를 버리고 휘발유의 부력으로 올라오도록 설계되었다. 그러므로 모선에서 끌어올리지 않아도 떠오르는 것이 가능했다.

처음에 피카르는 벨기에 정부의 도움을 받아 잠수정을 만들었다. 그러나 차츰 벨기에 정부의 관심이 줄어들자 스위스 정부와 이탈리아 트리에스테 시(市)의 도움을 받아 마침내 1953년 잠수정 트리에스테(Trieste)호를 완성했다.

국립 미국 해군 박물관에 전시된 트리에스테호(출처: 위키피디아)

드디어 1953년 9월 25일, 69세의 피카르와 31세인 그의 아들 자크 피카르(Jacques Piccard)는 트리에스테호를 타고 나폴리 앞바다에서 거의 3300미터나 내려갔다. 바닥에 닿은 그들은 창을 통해 밖을 내다보았다. 하지만 창밖의 풍경은 비브에게 전해 들었던 신비스러운 풍경이 아니었다. 생물체가 하나도 보이지 않았고 연한 진흙 바닥만 보이는 그저 황량한 모습뿐이었다. 그날 피카르 부자(父子)가 잠수정을 타고 내려간 수심은 당시로써는 최고 기록이었다.

심해로 내려가다가 위험한 순간도 있었다. 피카르 부자가 나폴리의 카프리 섬 앞바다에서 400미터가량을 내려갔을 때의 일이다. 덜컹 흔들리는 소리와 함께 잠수정이 좁은 바위 위에 정지했다. 주위가 잘 보이지 않아 마냥 내려가다가 바위 위에 걸친 것이다. 그들은 시야가 밝아지기를 기다렸다가 다시 밖을 내다보았다. 한쪽은 바위가 보이고 다른 한쪽은 끝 모를 검푸른 암흑의 세계가 펼쳐졌다. 그런데 잠시 후 갑자기 바닥이 무너져 내리면서 잠수정도 기울어져 가라앉았다. 앞뒤에서 모래와 자갈이 우르르 무너져 내리며 잠수정에 부딪쳤다. 그들은 위로 올라가려고 잠수정 앞쪽의 추를 버리려 했으나 모래와 자갈이 기계 틈에 끼어 꼼짝도 하지 않았다. 재빨리 잠수함 뒤쪽의 추를 버리자 아주 천천히 떠올랐다. 위험을 무릅쓰고 미지의 세계를 탐험했던 부자의 용기가 놀랍다. 피카르 부자는 심해에 흥미를 갖고 있던 미국 해군의 지원을 받아 심해 잠수를 계속할 수 있었다.

1960년 1월 23일, 자크 피카르와 미국 해군 대위 돈 월시(Don Walsh, 1931-)는 트리에스테호를 타고 지구에서 가장 깊은 챌린저 해연 바닥까지 잠수했다. 챌린저 해연은 마리아나 해구에 있는 해연으로, 수심이 1만 1034미터이다. 해구는 아주 깊은 바다이며, 해연은 해구에서도 더 깊은 곳을 말한다.

그들은 너무 빨리 내려가면 잠수정이 바닥에 파묻힐 것을 염려해 추를 조금씩 버리며 아주 천천히 잠수했다. 선체가 가벼워지면 그만큼 부력이 커져 천천히 내려갈 수 있기 때문이다. 그들은 점점 깊은 바닷속으로 내려가자 추위를 느껴 스웨터를 입었다. 심해의 수온은 보통 섭씨 1도이다. 이렇게 4시간 43분을 내려가 오후 1시 6분, 드디어 세계에서 가장 깊은 해저에 닿았다. 그 깊은 바다 풍경은 과연 어떠했을까?

조명을 비춘 곳에는 연한 진흙이 바닥에 깔려 있었다. 생물도 많았다. 30센티미터쯤 되는 가자미 비슷한 물고기도 있었다. 그 물고기는 낯선 침입자를 피해 천천히 헤엄치며 어둠속으로 사라졌다. 붉은색 새우도 눈에 띄었다. 진흙 바닥에는 동물의 흔적이 많았다. 그러나 피카르 일행은 바깥을 내다보는 데 정신을 빼앗겨 사진을 한 장도 찍지 못했다.

해저에 닿은 지 20분이 지날 즈음 바깥쪽 창이 수압을 받아 금이 간 것을 발견한 그들은 재빨리 위로 올라가기 시작했다. 아무리 비상식량과 산소가 있고 바다 위에 떠 있는 배와 연락할 수 있다 해도 물 위로 올라가야만 살 수 있다. 그들은 추 2톤을 모두 버리고 3시간 27분 만에 물 위로 올라왔다. 심해에서 올라가지 못하면 곧 죽음이다.

트리에스테호의 심해 탐사 이후 단순히 심해를 오고가는 잠수정이 아니라 과학 탐사를 할 수 있는 심해 잠수정이 1964년에 만들어졌다. 미국 매사추세츠 주에 있는 우즈홀해양연구소를 주축으로 심해 유인잠수정 앨

바닷속을 연구하기 위해서는 잠수정이 필요하다. 사진은 수심 250미터까지 잠수할 수 있는 한국해양연구소의 '해양 250호'. 지금은 퇴역하여 부산에 있는 국립해양박물관 앞에 전시되어 있다.

빈호가 탄생한 것이다. 세 사람이 탈 수 있는 앨빈호는 침몰한 여객선 타이태닉호를 탐색한 것으로도 유명하다. 우즈홀해양연구소는 앨빈호에 사진기와 조명장치를 새로 바꾸고 6500미터까지 잠항이 가능하도록 개선하여 앨빈 II호를 만들었다. 새로운 앨빈호는 2014년 여름부터 다시 현장조사에 사용하고 있다.

일본의 심해 유인잠수정 '신카이6500'은 수심 6500미터까지 들어갈 수 있고, 중국의 '자오룽'은 7000미터까지 들어가 과학탐사를 할 수 있다. 현재 6000미터 이상 잠항할 수 있는 잠수정을 보유한 나라는 미국, 프랑스, 러시아, 일본, 중국 등이다. 이 잠수정들은 프로펠러를 돌려 자유자재로 움직일 수 있고, 로봇팔로 여러 가지 작업을 할 수 있다. 잠수정 가운데 사람이 타지 않고 모선에서 원격조종하는 심해 무인잠수정도 있다. 예로 1995년 일본의 '가이코(海溝)'가 챌린저 해연에 내려가 심해 동물 영상을 얻고 올라왔다.

심해에 직접 내려가 탐사하려면 심해 유인잠수정이 있어야 하므로, 심해 탐사의 기회는 많지 않다. 우리나라 사람으로 심해 탐사 경험이 있는 과학자는 손에 꼽을 정도이다. 필자 중 한 명인 김웅서 박사는 태평양 심해를 5000미터 넘게 탐사하여 우리나라 과학자 중 가장 깊은 탐사 기록을 보유하고 있다.

심해 물고기

자세히 알아보기

바다 아주 깊은 곳은 먹이가 충분치 않으며, 수압이 높고 수온이 낮아 동물이 사는 게 쉽지 않다. 그러나 앞서 이야기한 것처럼 챌린저 해연을 비롯해 심해에서도 물고기가 살고 있다.

가장 깊은 곳에서 관찰한 심해 어종은 2008년 10월에 발견한 길이 약 30센티미터의 곰치과 물고기다. 일본 해구를 탐사하던 영국과 일본의 해양학자들이 수심 7703미터에서 이 물고기 17마리를 발견해 비디오카메라에 담았다. 이 물고기는 주로 무리 지어 다니며 새우를 잡아먹었는데, 심해 물고기는 에너지 소모를 줄이기 위해 천천히 헤엄칠 거라는 생각과는 달리 아주 빨리 움직였다. 이 밖에도 1970년에 수심 약 7000미터에서 물고기가 관찰되기도 했다.

⚓ 심해 연구는 어떻게 할까

해양학자들은 수온과 염분을 측정하고 바닷물 속의 화학물질을 분석하기도 하며, 생물을 채집하여 관찰하고, 퇴적물 채집기로 바다 밑에 쌓인 물질을 채취하기도 한다. 필요하다면 잠수정을 타고 직접 내려가 눈으로 확인하기도 한다.

바다에서 수심 200~1000미터에 이르는 중층(中層)은 바다 밑바닥보다도 오히려 더 많은 연구가 이뤄지지 않았다. 사람들이 산을 오를 때 흔히 산꼭대기를 목표로 하듯 과학자 역시 깊은 바다 밑바닥을 목표로 탐사하는 경우가 많기 때문이다. 또 중층에 사람이 들어가기 쉽지 않은 것도 또 다른 이유가 된다. 그러나 해양 과학기술이 발전하면서 개발한 잠수정을 이용하여 중층의 생물을 조금씩 관찰하기 시작했다.

미국의 경우 깊은 바다의 중층을 주로 연구하는 기관이 있다. 바로 캘리포니아 주의 몬터레이 만에 있는 '몬터레이베이수족관연구소(엠바리, MBARI)'이다. 엠바리 연구원들은 1988년 8월 '벤타나'라는 무인잠수정을 이용해 처음으로 몬터레이 만 해저의 심해 생물을 조사했다. 벤타나는 스페인 말로 '창문'을 뜻하는데 잠수정이 바닷속을 들여다보는 창문과 같다는 뜻으로 지은 이름이다.

이 연구소 과학자들은 러시아가 1988년에 개발한 3인용 심해 유인잠수정 미르(Mir)호를 타고 1990년 수심 3200미터에 사는 조개를 관찰했다. 이는 1988년 몬터레이 해저협곡에서 발견한 메탄가스를 먹고 사는 조개 무리였다.

러시아에서 개발한 심해 유인잠수정 미르 2호

하와이의 아름다운 열대 바닷속 경치를 볼 수 있는 관광용 잠수함

해양학자는 해군에게도 필요해

자세히 알아보기

바다를 연구하는 해양학자들은 해군에게도 필요하다. 예를 들면 미국의 유명한 해양지질학자 케네스 에머리(Kenneth O. Emery, 1914~1998) 교수는 제2차 세계대전 동안 전 세계 바다의 깊이와 해저 지형, 퇴적물을 연구했다. 해저 지형과 퇴적물이 잠수함 작전과 깊은 관련이 있기 때문이다. 잠수함은 아무 바다나 다니는 게 아니고 적에게 들키지 않고 다닐 수 있는 통로가 있다. 또 잠수함은 진흙 바닥이나 바위 위에는 내려앉지 못한다.

6.25전쟁 때 인천상륙작전에 참가한 미국 해군 장교는 훗날 해양학자가 되어 6.25전쟁 당시 수중 음향 조사로 알아낸 인천 앞바다의 해저 지형을 연구해 논문으로 발표했다. 전투를 하면서 얻는 자료가 훌륭한 연구 재료가 되었다.

1994년부터 이 연구소의 과학자들은 해안에서 50킬로미터 떨어진 곳에서 중층의 생물을 관찰해왔다. 일정한 시간 간격을 두고 수심 100미터마다 층별로 관찰했다. 그들은 정교한 사진기가 몇 대나 붙어 있는 벤타나를 조종해 중층을 오르내리면서 사진을 찍고, 필요하면 로봇팔을 이용해 채집하기도 했다. 생물을 관찰하는 것 외에 다이아몬드를 붙인 굴착기로 바다 밑바닥을 파기도 했다. 지금은 그보다 훨씬 발달된 수심 4000미터까지 들어갈 수 있는 티뷰론이라는 이름의 무인잠수정을 만들어 바다 밑바닥을 연구한다. '티뷰론'이란 스페인어로 '상어'를 뜻한다.

이 연구소를 세운 사람은 데이비드 패커드(David Packard, 1912~1996)이다. 전자공학자인 패커드는 스탠포드대학교에서 함께 공부하고 실리콘밸리에서 같이 일했던 윌리엄 휼렛(William Hewlett, 1913~2001)과 함께 휼렛패커드(HP)를 설립해 엄청난 돈을 벌었다. 원래 패커드는 콜로라도 출신으로 바다를 전혀 몰랐으나 바닷속을 조사하는 전자 장비를 만들고 해양 방위에 관련된 일을 하면서 바다에 관심을 가지기 시작했다. 그는 해양생물학자인 두 딸의 의견에 따라 1984년에 수족관을 세우고 1987년에는 심해를 연구하는 전문 연구소를 설립했다. 연구소 위치도 깊은 바다를 연구하기에 좋은 몬터레이 해저협곡이 바로 눈앞에 있는 모스랜딩에 자리를 잡았다.

⚓ 비극의 호화 유람선 타이태닉호는 어떻게 되었을까

이 책을 읽는 독자의 상당수는 레오나르도 디카프리오와 케이트 윈슬릿이 주인공인 영화「타이타닉(Titanic)」을 보았을 것이다. 만일 못 보았더라도 이야기는 한번쯤 들어보았을 것이다. 배수 톤수 4만 6000톤 급의 호화 여객선인 타이태닉호는 1912년 4월 10일 처녀항해에 나섰다가 4월 14일 밤 11시 40분 빙산에 부딪쳐 다음 날 새벽 2시 20분 캐나다 동부 근해 뉴펀들랜드 남동쪽 바다에 침몰했다. 그날 배에 있었던 2227명 가운데 705명만이 구조되었다. 당시로는 최대 크기의 초호화 여객선이었던 타이태닉호가 어이없게 침몰하자 몇 차례나 영화로도 만들어져 많은 사람들의 안타까움을 자아냈다.

타이태닉호가 침몰한 지 73년 만인 1985년 9월 1일, 미국과 프랑스 합동 탐험대의 조사로 타이태닉호는 뉴펀들랜드 섬에서 남동쪽으로 680킬로미터 떨어진 수심 3900미터에서 발견되어 다시 한 번 화제에 올랐다. 이를 본 제임스 캐머런 감독은 비극적인 타이태닉호를 다룬 영화를 만들었고, 1997년 타이태닉호에 관한 이야기가 전 세계 사람들에게 다시 한 번 알려졌다.

타이태닉호는 침몰과 관련해 많은 일화가 남아 있다. 당시 구명보트에 어린이와 여자들을 먼저 타게 했는데 미국의 대형 백화점인 메이시 백화점 소유주의 부인 이다 스트라우스는 구명보트에 타기 전 마음을 바꾸어 남편에게 이렇게 말했다. "우리는 오랫동안 같이 살았어요. 그러니 당신이 가는 곳으로 나도 가겠어요." 그러고는 구명보트에 타기를 거부하며 입었던 모피 코트를 하녀에게 벗어주었다. 미국의 거부 존 제이콥 아스토르는 부인이 구명보트에 탔지만, 자신은 승선을 거부당하자 우현의 지붕이 없는 선교에 서 있다가 배의 첫째 굴뚝이 선교 쪽으로 쓰러질 때 죽음을 당한 것으로 알려졌다. 배가 침몰한 지 7일이 지난 후 그의 시체가 발견되었다. 덴버 출신 금광 주인의 부인인 마거릿 브라운은 박물관으로 가져가기 위해 유럽과 중동에서 구한 예술품 세 상자를 배에 실었다. 비록 배가 침몰하여 그 상자들은 잃어버렸지만 마거릿 브라운은 배에 남아 있는 사람들을 구조하자며 보트를 돌렸다(훗날 브로드웨이에서 「침몰시킬 수 없는 몰리 브라운」이라는 뮤지컬을 만들어 유명해졌다). 이 밖에 타이태닉호에서 18번째 생일을 맞이한 알프레드 러시라는 청년은 이제 성인이라며 구명보트 타기를 거부해 담담히 죽음을 맞이노 했다.

이와 반대의 경우도 있었다. 그 가운데 타이태닉호를 소유한 해운회사 사장은 본능적으로 구명보트의 빈자리에 몰래 뛰어들어 탔는데 사람들에게 비굴하다는 비난을 받고 고통스러워하다가 1937년에 죽었다.

배가 얼음에 부딪친 지 1시간 5분이 지난 4월 15일 밤 12시 45분, 구명보트를 바다 위에 처음 내릴 때 일부 승객들은 그때까지도 위기를 감지하지 못하고 구명보트에 타라는 선원의 명령에도 탈 생각을 하지 않은 채 갑판에 모여 있었다고 한다.

타이태닉호의 뱃머리에 가까운 오른쪽 중간 부분이 90미터 정도 찢어지자 물이 들어차기 시작했다. 방수격실 16곳 가운데 뱃머리 쪽 6곳에 물이 들어차면서 배가 앞으로 기울어져 물이 방수격벽 위로 넘어 들어와 선실로 차례차례 차기 시작했다. 그러나 배는 승선한 선박 전문가들이 예상했던 시간보다 1시간 넘게 물에 떠 있었다. 드디어 빙산에 부딪친 지 2시간 40분이 지난 후, 배가 앞으로 기울어지자 굴뚝 4개 가운데 선교와 가장 가까운 굴뚝이 쓰러졌다. 그리고 배가 더 기울자 물 위로 드러났던 거대한 배의 뒤쪽 무게를 이기지 못해 뒷부분이 끊어지고 빠르게 가라앉았다.

타이태닉호는 워낙 규모가 컸고 새로 만든 배였기 때문에 해운회사는 "이 배는 절대 침몰하지 않는다"고 자신 있게 선전했다. 그러던 배가 처녀항해에 나섰다가 빙산에 부딪쳐 침몰한 것이다.

그렇다면 승객들은 어떻게 구조되었을까? 타이태닉호는 빙산에 부딪치자 제일 먼저 구조 신호를 보냈다. 구조 신호는 현 위치와 처한 상태를 알려주는 국제표준방식으로 타전되었다. 그러나 타이태닉호는 시속 21해리(약 40킬로미터)로 항해 중이라고 오판해 잘못된 위치를 발신하는 실수를 범했다. 타이태닉호와 가장 가까이에 있었던 캘리포니아호는 무전으로 얼음 띠를 경고한 뒤 무전기를 꺼놓아 아쉽게도 타이태닉호의 절박한 구조 신호를 받지 못했다.

타이태닉호가 얼음에 부딪친 4월 14일 밤 12시가 지났을 때 타이태닉호와 캘리포니아호는 불빛이 보일 정도로 가까워졌으나 서로 거리가 너무 멀다고 판단했다. 시간이 좀 지난 뒤 캘리포니아호는 수평선 위로 구조 요청 신호탄이 솟는 것을 보았지만, 그것이 구조 요청 신호인지 알아차리지 못했다.

한편, 두 배 사이에 또 다른 배가 있었다고 하나 확인되지는 않았다. 만약 그곳에 배가 있었고 구조 요청 신호를 받았다면 구조를 무시한 채 목적지로 가지 않았을까 싶다.

4월 15일 새벽 2시 20분, 승무원과 승객 705명만 구명보트에 태운 채 타이태닉호는 가라앉기 시작했다. 그런데 1등과 2등 선실에 타고 있던 어린이들은 전부 구명보트에 탔으나 3등 선실에 탔던 어린이는 3분의 1만 구명보트에 탈 수 있었다. 당시 타이태닉호에 비치된 구명보트는 20척으로, 1178명만 태울 수 있었다. 배에 있던 사람이 2227명이라는 사실을 생각하면 구명보트의 수는 터무니없이 모자랐다. 이는 선박회사의 중대한 잘못이었다. 구명보트의 수도 모자랐지만 설상가상으로 구명보트에 태울 수 있는 정원도 다 채우지 못했다.

타이태닉호의 남동쪽 93킬로미터에서 최초의 구조 신호를 수신한 쿠나드 정기 여객선 회사의 카르파티아호는 타이태닉호의 조난자들을 구조하기 위해 타이태닉호가 잘못 발신한 위치를 향해 전속력으로 달렸다. 새벽

초호화 여객선 타이태닉호는 처녀항해에서 빙산에 부딪혀 침몰하는 비운을 맞았다. 아래는 카르파티아호로 접근하는 타이태닉호 조난자들(출처: 위키피디아)

4시 10분, 카르파티아호는 타이태닉호가 있는 북서쪽으로 가던 중 우연히 구명보트 여러 개를 발견했다. 북쪽 바다에 흩어진 구명보트들이 해류를 타고 남동쪽으로 흘러가다 카르파티아호에 발견된 것이다.

뒤늦게 무전기를 켠 캘리포니아호는 마운트템플호를 비롯한 다른 배들과 함께 타이태닉호가 잘못 발신한 위치에 도착했다. 물론 그곳에는 아무것도 없었다.

카르파티아호가 구명보트를 뱃전에 붙여놓고 승객을 구조하는 사진을 보면, 보트에 앉아 있는 어린이들과 아이를 안고 있는 부인들의 모습이 보인다. 또 카르파티아호의 선원들이 로프를 붙들고 사다리를 걸쳐 놓을 준비를 하는 모습도 보인다. 이 사진들은 아주 귀한 순간을 담은 사진이 되었다.

승객의 생존은 승선 등급과 관계가 깊었다. 실제 요금이 30파운드(현재 2200파운드로 약 3500달러)인 1등 선실 승객은 319명 중 200명이 살아남아 생존율이 63퍼센트였다. 13파운드인 2등 선실 승객은 269명 가운데 43퍼센트인 117명이 구조되었다. 그러나 요금이 8파운드인 3등 선실 승객은 699명 중 172명만이 살아남아 생존율이 25퍼센트에 지나지 않았다. 1등과 2등 선실은 갑판 가까이 있어 탈출하기 쉬웠고, 3등 선실은 맨 앞이나 맨 뒤에 있어 복잡한 복도를 지나고 계단을 올라가야 갑판으로 갈 수 있었기 때문이다. 그래도 3등 선실의 어린이 승객 3분의 2가 구조되지 못했다는 것은 공포와 혼란 속에서 구조 활동이 제대로 이뤄지지 못한 결과이다. 승객은 1287명 가운데 38퍼센트인 489명이 구조되었고, 선원은 940명 가운데 23퍼센트인 216명이 구조되었다.

타이태닉호의 선주는 사고 후 유가족이 요구한 1600만 달러가 넘는 배상액에서 66만 3000달러만 지불했다. 한편, 1등 선실에서도 최고급 선실의 요금은 1등 선실의 12배 정도인 4350달러로, 1985년 가치로 거의 5만 달러였으니 지금은 그보다 훨씬 높은 액수일 것이다.

프랑스 해양학자와 함께 타이태닉호를 발견한 우즈홀해양연구소의 해양학자 로버트 발라드(Robert Ballard, 1942~) 박사는 아무것도 인양하지 말자고 주장했다. 타이태닉호 자체가 박물관이요 무덤이므로 그 자체로 두자는 뜻에서였다.

그러나 반대하는 사람들도 많았다. 프랑스의 심해 유인잠수정 노틸호는 지금까지 거의 4000점에 가까운 물건을 인양했다. 금고, 그릇, 의자, 손목시계, 철판, 파이프, 서류, 책 등 로봇팔이 닿는 것은 무엇이든지 인양했다.

한편, 타이태닉호가 가라앉기 2달 전인 1912년 2월 12일에 태어나, 타이태닉호의 승객 가운데 가장 어렸고 마지막 생존자인 밀비나 딘 할머니가 2009년 5월 31일 세상을 떠났다. 최후의 2인 중 한 사람은 2007년 10월에 세상을 떠난 바바라 조이스 데인턴 할머니였다.

20년 전까지만 해도 생존자들이 상당히 있어 모임을 통해 서로의 안부를 묻고는 했다. 그 모임 구성원 가운데 에바 하트 할머니는 사고 당시 7세였다. 에바 하트는 그날 자신이 목격한 상황을 이렇게 말했다. "배가 가라앉는 것을 보았어요. 그 무서운 광경을 저는 모두 보았지요. 더욱 무서웠던 것은 물에 빠져 죽어가는 사람들이 살려달라고 지르는 비명 소리였어요." 에바 하트의 아버지는 결국 구명보트에 타지 못했지만 에바는 어머니와 함께 구명보트에 타 목숨을 구할 수 있었다. 에바 하트의 어머니는 '침몰하지 않는다'는 타이태닉호의 광고 문구가 왠지 하느님의 권위에 도전하는 것 같다는 예감 때문에 승선을 하고도 일부러 잠을 자지 않았다고 한다. 불행하게도 그녀의 불길한 예감은 틀리지 않았다.

타이태닉호가 침몰한 지 98년이 지난 2010년 9월, 과거에 알려졌던 침몰 원인과는 완전히 다른 원인이 세상에 알려졌다. 2등 항해사 찰스 라이톨러(Charles Herbert Lightoller, 1874~1952)의 손녀인 소설가 루이즈 패튼(Louise Patten, 1954~)이 『황금처럼 귀중한Good as Gold』이라는 책에서 새로운 사실을 밝힌 것이다.

사고 원인으로 당시 배를 운항하는 방식을 구식인 범선항법에서 신식인 증기선항법으로 바꾸면서 일어났던 혼란을 지적했다. 다시 말해 앞 갑판 높은 곳에 있는 감시 초소의 감시원에게서 "바로 앞에 빙산"이라는 긴박한 경고를 받은 1등 항해사는 신식 항법을 생각해 "우현으로"라고 명령했으나 범선식으로 훈련받은 조타수는 배를 왼쪽으로 돌려 빙산에 오른쪽 선복이 부딪쳤다. 우현으로 키를 돌리라는 말은 증기선이라면 배를 오른쪽으로 돌리라는 뜻이지만, 범선항법으로는 왼쪽으로 돌리라는 뜻이었기 때문이다.

또 다른 원인으로는 배가 느리다는 말을 들을까 두려워한 선주가 배가 빙산에 부딪쳤는데도 항해를 고집했기 때문에 배에 물이 빨리 들어왔다는 지적도 있다. 천천히 움직였더라면 물이 훨씬 더 느리게 배에 찼을 것이다. 이 이야기는 침몰 직전 1등 항해사실에서 있었던 사관 4명이 참석한 고위 사관회의에서 나온 것으로, 그 회의에 참석한 라이톨러가 들은 이야기이다. 그는 회의에 참석한 사람 가운데 유일한 생존자였지만, 회사가 망해 동료들이 실직할 것을 염려해 '조종 실수' 사실을 숨겼다. 그리하여 공식 침몰 원인은 '천재지변'으로 발표되었다. 그는 그 사실을 부인이자 패튼 여사의 할머니인 실비아 라이톨러에게만 말했다. 라이톨러 여사의 손녀는 할머니에게 이 이야기를 들었지만 침묵하다가, 할아버지와 할머니 그리고 부모 모두 세상을 떠난 후 이 진실을 털어놓았다.

결국 타이태닉호 비극은 우리가 알고 있는 것처럼 거대한 빙산 때문이 아니라 선주의 탐욕과 준비 미흡 그리고 선원들의 실수와 주의 소홀이 더 크다고 할 수 있다. 그나마 카르파티아호가 그날 사고 부근에 있어 타이태닉호의 승객들을 구조한 것은 다행이었다.

바닷속에 가라앉은 타이태닉호의 사진을 보면 밝은 황갈색이나 적갈색으로 마치 고드름이나 종유석처럼 생긴 것이 뱃전, 선체, 기둥, 창문에 매달려 있는 것이 보인다. 처음에 학자들은 그것을 쇠못이 녹슬면 굵어지는 것처럼 쇠가 녹슬어 생긴 것이라고 단순하게 생각했다.

그러나 사실은 그렇지 않다. 그 고드름을 분석한 결과 쇠를 분해하는 박테리아 덩어리라는 사실이 밝혀졌기 때문이다. 이 철박테리아는 산화철을 에너지로 쓰면서 철을 산화시키고 녹 입자를 만든다. 깊은 바다라는 환경 조건은 이 박테리아에게 적합한 환경이 아니므로 박테리아도 나름대로 살아갈 대책을 마련한다. 이 박테리아는 바닷물에서 스스로를 보호하기 위해 점액질을 분비하는데, 그 물질이 금속 표면을 흘러내리면서 녹과 죽은 세포 따위도 함께 쓸어가 고드름처럼 매달린다. 그 물질은 자체의 무게로 끊어질 때까지 계속 흘러내린다. 그런데 그 녹과 점액질 덩어리는 아주 약해서 잠수정 같은 외부 물체에 살짝 닿거나 조금만 물결을 일으켜도 우수수 부서져 내린다.

타이태닉호의 철박테리아는 하루에 100킬로그램가량의 쇠를 분해하는 것으로 추정된다. 전문가의 예측으로는 앞으로 60~70년 정도 흐르면 타이태닉호의 웅장한 모습은 사라지고 처참한 뼈대만 남을 것이라고 한다. 어렸을 때 쇠를 먹는 귀신 불가사리가 있다는 말을 들어보았을 것이다. 이렇게 눈에 보이지도 않는 아주 작은 미생물들이 쇠를 먹어 없앤다니 신기할 따름이다.

5장

바다 밑 잠수함 이야기

비운의 미국 핵잠수함 스레셔호

1963년 4월 10일, 미국 해군에 일찍이 없었던 큰 비극이 일어났다. 당시 취항한 지 만 2년도 되지 않은 두 번째 핵잠수함 스레셔(USS Thresher)호가 캐나다 노바스코샤 주(州) 부근의 바다에서 잠항 훈련을 하던 중 수심 2000미터 바닷속으로 들어간 뒤 소식이 끊긴 것이다. 스레셔호는 그날 저녁 "떠오를 준비를 한다"고 보고했는데 곧이어 폭발음을 내며 연락이 끊어졌다. 스레셔호의 소식이 끊기면서 장병 129명의 생사도 알 길이 없어졌다.

'스레셔'란 우리말로 '환도상어'를 뜻한다. 환도상어는 특이한 습성이 있는데 보통 암수 2마리가 먹이를 한곳으로 몰아넣고 몸보다 긴 꼬리로 때려서 잡아먹는다. 스레셔호는 그 이름에 걸맞은 공격용 핵잠수함이었다.

사고가 나자 미국 해군은 발칵 뒤집혔다. 잠수함에 승선한 장병들의 목숨도 걱정되었지만 무엇보다 소련(지금 러시아)보다 우위에 서기 위해 비밀리에 심혈을 기울여 개발한 공격용 핵잠수함이 실종되었으니 해군 장병의 사기가 말이 아니었다. 그러나 정확한 실종 위치를 몰라 선체 수색 작업은 지지부진했다. 당시만 해도 바닷속에서 위치를 알 수 있는 방법이 없었기 때문이다. 결국 해군은 색깔을 칠한 1400개가 넘는 플라스틱판을 일정한 간격으로 가라앉혔다. 바다으로 내려가는 잠수함이 그 판을 보고 정확한 위치를 알아낼 수 있으리라 생각한 것이다.

사고가 난 지 다섯 달이 지난 다음에야 트리에스테호가 스레셔호의 잔해를 찾아냈다. 수압에 눌려 터진 길이 83미터의 핵잠수함 조각들이 바다 밑바닥 여기저기에 흩어져 있었다. 당시 수색에 참가한 장교는 1.2미터짜리의 휘어진 파이프를 회수한 뒤 그 비극의 현장이 "마치 자동차 폐차장 같았다"고 말했다. 이 일을 계기로 미국 해군은 심해 연구의 필요성을 절감하고 많은 예산을 들여 심해 조사 장비를 개발하기 시작했다. 그 결과 1964년에 심해 유인잠수정 앨빈호를 건조하였다.

미국과 소련의 수중 암투

아시아 대륙, 캄차카 반도, 쿠릴 열도, 사할린 제도로 둘러싸인 북동아시아의 바다 오호츠크 해에는 아주 무서운 비밀이 숨어 있다.

미·소 냉전이 한창이던 1950년대와 1960년대의 오호츠크 해와 캄차카 반도 부근의 바다는 소련이 실험하는 대륙간 탄도 미사일이 떨어지는 곳이었다. 장거리 미사일은 예상한 지점에 정확하게 떨어지기도 하지만 상당히 벗어나는 경우도 있었다. 그래서 소련은 캄차카 반도에 큰 레이더 기지를 건설하고 장거리 미사일의 행방을 좇았다. 캄차카 반도는 미국 본토와 가까워 미국을 감시하기에 좋은 곳이기도 했다.

장거리 미사일은 단순한 미사일이 아니라 핵무기를 운반하는 미사일이다. 그러나 실험용 미사일에는 핵탄두 대신 대기권으로 재돌입하는 장치를 붙인다. 원추형으로 생긴 이 장치는 핵탄두를 보호하고, 어떠한 기상 조건에서도 정확하게 작동해서 대기권으로 다시 들어와야 한다. 물론 대기권으로 들어오면서 계속 변하는 속도, 온도, 압력, 습도, 공기 밀도, 위치, 높이, 시간 같은 자료를 기록해야 한다. 공기와 부딪쳐 생기는 마찰열로 장치가 타버려도 안 된다. 그만큼 가장 좋은 재질로 만들어야 하고 잘 설계해야 한다. 즉 핵탄두와 같은 무게의 재돌입 장치는 탄두 자체의 제조 방법과 비행 기록을 포함한 모든 비밀이 담겨 있다. 그러니 미국이 재돌입 장치의 비밀을 알고 싶어 했던 것도 무리는 아니다.

미국은 비밀을 알아내기 위해서 무엇보다도 장치를 손에 넣고자 했다. 스파이를 통해 빼내기는 너무 어려웠다. 대신 바닷속에 가라앉은 장치를 줍는 것이 가장 좋은 방법이었다. 결국 미국은 바닥에 가라앉은 재돌입 장치를 줍는 장비를 개발해냈다. 바로 '핼리벗'이라는 이름의 거대한 잠수함이다. 참고로 핼리벗은 알래스카에서 잡히는 1.5미터가 넘는 커다란 가자미 이름이다. 1960년에 만든 핼리벗(USS Halibut)호는 축구장보다 크고 가운데 부분이 불룩하게 솟아오른 모양의 잠수함이다. 1965년에 이 잠수함을 개조해 문을 새로 달고 물속에서 쓸 수 있는 기중기와 신기술로 개발한

러시아의 극동 함대 본부가 있는 블라디보스토크 항

옛 소련에서 사용했던 잠수함. 이제는 관광객들의 구경거리가 되었다.

사진기도 설치했다. 1966년과 1967년, 드디어 핼리벗호는 캄차카 반도 부근 심해에서 몇 개의 대기권 돌입 장치를 수집했다. 이는 미국 해군의 승리이자 해양 기술의 승리였다.

침몰한 소련 잠수함 K-129호를 찾아라

핼리벗호를 만든 후 심해 잠수함의 중요성과 활약상을 절실히 느끼게 해준 사건이 일어났다. 이 사건은 1968년 3월 8일, 하와이에서 북서쪽으로 약 3000킬로미터 떨어진 북태평양에서 소련의 디젤 전기 추진 잠수함 K-129호가 실종되면서 시작되었다. 길이 90미터가 넘고 무게가 2700톤이며 옆면에 '722'라고 적힌 이 거대한 잠수함은 미국의 심장부를 공격할 준비를 끝낸 상태였다. 탑승 인원이 98명 정도로 추정되는 이 잠수함에는 당장 발사할 수 있는 1메가톤 급 핵미사일 3기와 핵 어뢰 2기, 그리고 소련 최고의 비밀 가운데 하나인 암호집이 실려 있었다.

그런데 70일에 걸친 두 번의 탄도 미사일 훈련을 무사히 끝내고 세 번째 훈련을 하던 중 갑작스레 잠수함으로부터 소식이 끊겼다. 날짜변경선을 지나갈 때 하는 것처럼 일상적인 보고 사항이 전달되지 않자 본부에서는 심상찮은 일이 벌어졌음을 직감했다. 캄차카 반도에 있는 소련 해군 극동함대본부는 잠수함과 연락이 끊긴 지 24시간이 지나자 비상에 들어갔다. 다급히 잠수함 4척과 배 여러 척 그리고 비행기를 동원해 한 달 가까이 바다를 샅샅이 뒤졌으나 아무것도 찾지 못했다. 결국 한 달이 지나서야 소련 해군은 수색을 중단했다. 위치도 모른 채 망망대해에서 잠수함을 찾는 것은 불가능했다. 소련 해군으로서는 처음 겪는 당혹스러운 일이었다.

반면 이 일이 미국 해군에는 뜻밖의 행운이 되었다. 소련 해군의 비밀을 가득 실은 호박이 넝쿨째 굴러 들어온 격이었다. 당시 미국 해군은 매일같이 태평양 수중에서 나는 소리를 감시했는데, 3월 초순 소련 해군의 비행기와 배, 잠수함이 북태평양 하늘, 바다, 바닷속에서 유난히 분주하게 움직이는 것을 발견했다. 미국 해군은 그 움직임이 실종된 잠수함 K-129호를 찾는 일임을 알아차렸고 곧바로 잠수함을 찾아 나섰다. 바로 핼리벗호가 침몰 정보를 입수한 직후 북태평양으로 출항한 것이다.

마침내 미국의 핼리벗호는 8월 초 북위 40도 동경 180도 부근, 깊이 4900미터 심해에서 소련 잠수함 K-129호의 흔적을 찾아냈다. 사진 약 2만 장으로 확인한 소련 잠수함은 여러 조각으로 찢어졌고 뒷부분이 몸체에서 떨어져 있었다. 미국 해군은 잠수함 K-129호의 몸통 앞부분, 즉 길이 60미터 정도 되는 곳에 가장 중요한 핵미사일과 핵 어뢰가 적재되었다고 추정했다.

미국 핵잠수함 스콜피언호의 비극

소련 잠수함 K-129호가 실종된 지 거의 석 달이 지난 1968년 5월 22일, '전갈'이라는 뜻의 미국 핵추진 잠수함 스콜피언(USS Scorpion)호가 승무원 99명과 함께 대서양에서 사라졌다. 지중해에서 훈련을 마치고 귀항하던 중에 연락이 끊긴 것이다. 1959년에 취항한 길이 77미터, 무게 3075톤의 이 잠수함에는 핵 어뢰 2기가 실려 있었다. 미국 해군은 전례가 없던 이 일로 비상 태세에 들어갔다.

여름 내내 해군이 스콜피언호를 찾아다녔으나 좋은 결과를 얻지 못했다. 그러다가 10월 30일, 대서양 아조레스 군도 남서쪽 740킬로미터, 수심 3000미터 되는 곳에서 마침내 진흙에 파묻힌 잠수함 일부분이 미국 해군 연구선 미자르(Mizar)호의 시야에 나타났다.

트리에스테 2호를 포함한 배들이 찍은 사진을 모아본 결과, 놀랍게도 스콜피언호는 몇 부분으로 나뉘어 있었지만 형태가 온전했다. 내부 폭발이 있는 경우 잠수함은 강한 수압에 눌려 터져버리기 때문에 산산조각 나게 마련이지만, 스콜피언호는 잠수함 안에 물이 차 안과 밖의 압력이 비슷하여 형태를 유지할 수 있었다.

전문가들은 스콜피언호에 폭발 흔적이 없는 것으로 보아 바다 표면이나 표면 가까운 곳에서 잠수함에 문제가 생겨 침몰한 것으로 추정했다. 침몰 이유로 어뢰의 우연한 발사, 어뢰 배터리의 폭발, 어뢰 추진체 기폭 장치 폭발 등이 거론되었지만, 미국 해군은 원인 불명의 침몰로 발표했다.

스콜피언호의 상태를 조사한 미국 해군은 핵 어뢰 유실을 염려했으나 다행히 잠수함에 장착돼 있었고, 엔진에서 핵물질이 유출될 위험이 없다고 판단했다. 하지만 미국 해군은 해마다 핵물질이 유출되는 것을 염려해 부근의 퇴적물, 바닷물, 해양생물을 채집해 조사했는데, 다행히 채집된 재료에서 심각한 변화가 나타나지는 않았다. 미국 해군은 스콜피언호에서 쓰던 위치 측정 장치 육분의(六分儀)를 건져 박물관에 전시했다.

잠수함 인양 작전, 프로젝트 아조리안

미국 해군은 소련 잠수함 K-129호의 잔해를 발견한 뒤 인양 계획을 세웠다. 진행은 극비 사항이었기 때문에 해군이 아닌 미국 중앙정보국이 맡기로 했다. 중앙정보국은 미국의 갑부인 하워드 휴스(Howard R. Hughes, 1905~1976)가 운영하는 회사에서 길이 188.6미터, 무게 5만 톤의 거대한 글로마 익스플로러(Glomar Explorer)호를 3억 5000만 달러를 들여 건조했다. 외부에는 이 배의 건조 목적을 심해저의 망가니즈(망간)단괴를 인양하는 것으로 보도해 소련 정보부와 언론의 관심을 피하려 했다. 그 배의 바닥에는 잠수함을 양쪽에서 집어 들어 올릴 수 있는 거대한 집게발들이 있었고, 이 장치는 네 발로 바다의 바닥에 설 수 있도록 만들어졌다. 알려진 바로 집게발은 2700톤을 들어 올릴 수 있었다고 한다. 또 바깥에서는 보이지 않게 잠수함을 담을 수 있는 거대한 바지선도 만들었다.

1974년, 소리 소문 없이 작업을 시작한 이 배가 소련 잠수함의 중요 부분을 인양하다가 집게발이 부서지면서 인양되던 잠수함이 도로 가라앉았다는 소문이 떠돌았다. 그러나 소문과 달리 인양 작업은 순조롭게 진행되었다. 인양 작업에 깊숙이 개입한 록히드사의 전자 기술자에 따르면, 잠수함의 앞부분 12미터 정도와 시신 6~10구, 핵 어뢰 2기를 인양했지만 미사일, 탄두, 암호집, 암호 변환기는 인양하지 못했다고 한다. 인양된 부분의 내부는 심하게 찌그러져 보였다. 잠수함은 크게 두 부분으로 나뉘었는데, 앞부분의 길이는 40미터 정도였고 그중 앞쪽 12미터를 인양한 것으로 추측된다. 인양 작업 시 침몰 위치가 비밀이 아니어서 배에서 일한 사람들은 누구나 알 정도였다고 한다. 침몰 위치는 대략 북위 40도에 동경 180도였다. 소련은 미국이 K-129호를 인양한다는 것을 알았지만 방해하지 않았다.

미국 측이 소련 잠수함 K-129호에서 어떠한 비밀을 알아냈는지는 철저히 비밀에 싸여 있다. 당시 미국 포드 대통령은 핼리벗호가 "미국 정부를 위하여 커다란 군사 가치가 있는 업적을 남겼다"라고 극찬했는데, 이것만 보아도 무엇인가 큰 것을 얻은 것만은 확실하다. 미국은 방사능 물질로 오염된 소련 잠수함의 승무원 시신 6구를 강철관에 담아 장례를 치르고, 이 장면을 비디오로 제작해 소련이 망한 뒤인 1992년 10월 러시아에 전달했다. 이 사실은 1991년 소련이 해체되면서 냉전이 종식되고 미국과 러시아의 관계가 호전되면서 알려졌다.

1974년 잠수함 인양 작전은 '프로젝트 제니퍼(Project Jennifer)'라는 암호로 불렸는데, 사실은 '프로젝트 아조리안(Project Azorian)'이었다. '아조레스 프로젝트'로 번역되는 이 프로젝트는 대서양에 있는 아조레스 군도를 표시해 소련의 첩보망을 속이려 했던 작전으로 보인다. '프로젝트 제니퍼'는 아조레스 프로젝트의 일부분이었다. 1974년 아조레스 프로젝트가 시작되었을 때, <뉴욕타임스> 기자가 알았으나 미국 중앙정보국이 개입해 극비로 처리해 일반에게 알려지지 않았으며 다음 해 '프로젝트 제니퍼'로 알려졌다. 2010년 들어서자 비밀 서류들이 어느 정도 해제되면서 '프로젝트 제니퍼'가 정확한 이름이 아니라는 것이 밝혀졌다.

⚓ 미국과 소련의 잠수함 침몰을 둘러싼 음모설

2000년대 들어서면서 1960~1970년대의 비밀 문서들이 해제되자, 미국 해군의 K-129호 인양 보고서들도 속속 공개되었다. 그러나 숫자나 장소와 같은 중요 부분을 검게 칠해놓아 제대로 알아보기는 어렵다.

그간에 알려진 소문을 바탕으로 소련 잠수함 K-129호와 미국 잠수함 스콜피언호의 침몰을 포함하여 미국과 소련의 해군 잠수함에 관한 책이 여러 권 발간되었다. 진실이 밝혀지지 않은 상태에서 흘러나온 소문과 상식에 바탕을 둔 책들이라 정확한 사실을 알기는 어려워도 흥미로운 이야기가 많다. 그 가운데 2005년에 출간된 『붉은 별을 단 악당: 소련 잠수함이 미국을 핵으로 공격하려 한 알려지지 않은 이야기』의 저자 케네드 스웰(Kenneth Sewell)은 다소 믿기 어려운 이야기를 전했다.

그는 소련 잠수함 K-129호가 1968년 3월 7일 핵미사일 3발로 진주만을 기습하려고 하와이의 오아후 섬 북서쪽 560킬로미터 지점까지 갔다고 책에 썼다. 그리고 소련 잠수함은 미국과 중국이 전쟁을 하도록 중국 잠수함이 공격한 것처럼 위장하려고 했다는 것이다. 1960년대 말은 소련과 중국이 국경 문제로 사이가 아주 좋지 않았을 때이다. 그렇다면 소련이 중국을 곤경에 빠뜨리려고 작전을 짰던 것일까? 그러다가 소련 잠수함 K-129호가 침몰하자 소련 해군은 황새치를 뜻하는 미국 핵잠수함 소드피시(USS Swordfish)호와 충돌해 침몰했다고 생각하고, 그 보복으로 미국 잠수함 스콜피언호를 침몰시켰다고 주장했다. 소련 잠수함 K-129호가 침몰한 지 며칠 후인 3월 17일, 소드피시호가 일본 요코스카 해군기지로 급하게 입항하자 소련은 미국 해군에 소드피시호의 항해일지를 공개하라고 요구했다. 그러자 미국 해군은 소드피시호가 유빙 속에서 얼음에 부딪쳐 휘어진 잠망경을 수리하기 위해 입항했다고 설명하면서 소련의 요구를 거절했다. 또 소드피시호는 소련 잠수함 K-129호에서 3000킬로미터 정도 떨어져 있었고, 소련 잠수함 K-129호가 있던 장소에서 560킬로미터 안에는 미국 잠수함이 없었다고 발표했다. 1958년에 취항한 소드피시호는 길이 82미터에 2900톤, 어뢰 8기를 장비한 핵추진 잠수함으로 1995년 9월 퇴역하였다.

『붉은 별을 단 악당』의 저자는 소련 잠수함이 미사일 발사 준비를 하다가 미사일이 폭발해 침몰했다고 주장하며, 이를 뒷받침하기 위해 허가 없이 미사일을 발사하는 경우 탄두 부분이 자동으로 파괴되는 안전장치에 관해 설명했다. 그와 의견이 비슷한 다른 저자도 있었다. 그러나 케네드 스웰의 진주만 공격과 관련된 주장은 다소 설득력이 떨어진다. 왜냐하면 미국 중앙정보국에 따르면 소련 잠수함은 하와이 섬에서 2890킬로미터 떨어진 곳에서 침몰했고, 소련 핵미사일의 사정거리는 1390킬로미터였기 때문이다. 반면 잠수함의 목표가 미드웨이 공군 기지라는 분석도 있었다. 또 당시 중국은 잠수함을 만들 능력이 없어 소련이 개발한 잠수함을 가지고 있었는데, 소련이 1970년대까지 탄도 미사일을 수중에서 발사할 수 있는 기술이 없었다는 점에서도 그의 주장은 설득력이 부족하다. 이 밖에도 소련 잠수함 K-129호가 중국 전함이 공격한 것처럼 위장했다는 증거도 제시하지 못했다. 앞서 말한 록히드사의 기술자 역시 2005년 10월 『붉은 별을 단 악당』을 '설익은 반쯤 익힌 음모설'이라며 터무니없다고 평가했다.

케네드 스웰은 2008년에 발간한 『모두 손 놓고 있어: 소련이 공격한 미국 해군 스콜피언호에 대한 진실』에서 소련 잠수함 K-129호가 미국 해군 잠수함 소드피시호에 부딪쳐 침몰했다고 잘못 판단한 소련 해군이 스콜피언호를 유인한 다음 헬리콥터에서 대잠어뢰로 격침했다고 했다. 그는 또한 스콜피언호가 1968년 1월 23일 북한이 동해에서 나포한 미국 정보 수집함 푸에블로(USS Pueblo)호와 뒤에서 이야기할 미국 해군에 암약하던 거물 간첩과 당시 냉전 상태였던 소련의 호전 태도가 얽혀서 격침되었다고 주장했다. 실제로 푸에블로호에는 극비 정보는 물론 암호와 관련한 여러 비밀 서류와 장비가 있었던 것으로 보인다.

스콜피언호를 유인했다는 말은 소련 잠수함 K-129호가 사라지자 소련 해군이 대서양에서 대단한 잠수함 작전을 펼치는 것처럼 위장했고, 그 함정에 스콜피언호가 걸려들었다는 뜻이다. 그는 미국과 소련의 해군 장교들은 양국 국민이 이 사실을 알게 되면 냉전이 격화될 것으로 생각해 이 사건을 덮어버렸다고 주장했다.

2007년에 나온 책『스콜피언호 침몰: 소련이 격침하고 백악관이 묻어버려 미국 해군 잠수함 스콜피언호의 알려지지 않은 이야기』의 저자 에드 오피(Ed Offey)도『붉은 별을 단 악당』과 같은 가정을 했다. 당시 소련이 스콜피언호의 움직임을 잘 알 수 있었던 것은 푸에블로호에서 노획한 암호 변환 장치와 미국 해군에서 암약한 소련 스파이의 정보 때문이라고 했다. 그 장치와 정보 때문에 소련 해군은 스콜피언호의 움직임을 지중해부터 북대서양까지 추적하다가 아조레스 군도 남쪽에서 격침했다는 것이다. 저자는 미국 잠수함이 소련 잠수함을 추적해 소련 해군이 화가 난 데다가 푸에블로호에서 얻은 정보가 있었기 때문에 공격이 성공한 것으로 생각했다.

잠수함 K-129호가 침몰한 이유

전문가들은 소련 잠수함 K-129호가 사라진 이유를 몇 가지로 추정했다. 예를 들어 배터리를 충전하다가 수소가 누출됐을 가능성, 미국 잠수함 소드피시호와 충돌, 미사일 방수 뚜껑의 틈새로 바닷물이 흘러들어 생긴 미사일 추진체의 폭발, 소련 잠수함이 작전 구역에서 벗어났을 가능성 등이다. '작전 구역에서 벗어났다'는 가정은 전(前) 소련 태평양해군정보부 부책임자였던 아나톨리 쉬티로프(Anatoliy Shtyrov)가 소련 잠수함 K-129호의 정상 작전 구역이 미국의 서쪽 바다인데, 푸에블로호가 나포되자 미 군사력이 한반도 부근에 많이 몰려 감시하려고 작전 구역이 갑자기 변경되었다고 말한 사실을 바탕으로 한 가정이다. 소련 잠수함 K-129호의 승무원 98명 가운데 40명은 그 잠수함에 처음 승선했다. 이러한 정황도 잠수함의 운항과 작전에 영향을 주었을 가능성이 있다.

위에 언급한 몇 가지 가운데 가장 신빙성 있는 추론은 미사일 방수 뚜껑 틈으로 바닷물이 유입되었을 가능성이다. 훗날 소련 잠수함에서 그런 일이 발생했기 때문이다. 1986년 10월 3일, 미국에서 가까운 대서양에서 소련 잠수함 K-219호 내 액체 연료를 쓰는 미사일 16기 가운데 한 기가 폭발했는데, 미사일 뚜껑의 방수 장치에 문제가 생겨 바닷물이 미사일 추진 화약에 닿아 폭발한 것으로 보이기 때문이다. 바닷물이 미사일이나 어뢰의 연료에 닿으면 질산이 생기고, 질산은 강산으로 습기가 있는 공기 속에서는 연기처럼 보이며 냄새가 나고 금속을 부식시킨다. 하지만 그렇다고 해도 잠수함이 곧바로 침몰하는 것은 아니다. 근처에 있던 소련 배가 잠수함을 예인하려다 실패해서 잠수함이 수심 5500미터 되는 대서양의 하테라스(Hatteras) 심해 평원에 가라앉았다.

소련 해군은 잠수함 K-219호의 미사일이 폭발했다는 날, 대서양 버뮤다 섬 근해에서 미국 해군 핵추진 잠수함 오거스타(USS Augusta)호와 충돌해 침몰했다고 주장했다. 소련 해군은 잠수함 K-219호의 오른쪽 앞부분이 크게 찌그러진 사진 여러 장을 꺼내 보이며 이것이 오거스타호와 충돌한 흔적이라고 주장했다. 반면 미국 해군은 소련 잠수함의 내부 폭발이 원인이라고 발표했다. 그러나 충돌했다는 날에서 17일이 지난 후인 10월 20일 오거스타호는 작전 중에 무언가와 충돌해 앞부분을 수리하려고 입항했으며, 충돌한 물체를 공식으로 밝히지 않았다.

1985년 1월에 취항한 오거스타호는 길이 110미터에 무게 6000톤이 넘는 큰 핵추진 잠수함으로 2008년에 퇴역했다. 앞서 말한 소드피시함이 취항한 지 38년 만에 퇴역한 반면, 같은 원자력 추진 잠수함인 오거스타호는 아주 일찍 퇴역했다.

소련 잠수함 K-129호와 K-219호의 침몰이 정말 미사일 방수 장치의 결함이라면, 소련 잠수함 제조 기술자들은 미사일 뚜껑의 방수 장치를 1968년부터 1986년까지 18년 동안 개선하지 못한 것일까?

잠수함 스콜피언호가 침몰한 이유

스콜피언호가 외부 공격으로 침몰했다는 주장과는 반대로 내부 결함으로 침몰했다는 주장이 2006년에 나왔다. 스콜피언호의 침몰 증거를 다룬 『침묵하는 강철: 미 핵공격 잠수함 스콜피언호의 의문스러운 침몰』의 저자 스테판 존슨(Stephen Johnson)은 스콜피언호의 침몰은 분명 외부의 공격이 아닌 내부의 문제라고 주장했다. 그는 자신의 주장을 뒷받침할 여러 가능성과 소문을 정리했고 수많은 해저 사진을 분석했다. 그러나 앞서 이야기한 것처럼 그렇지 않다는 주장도 만만치 않았다.

앞서 소개한 책들 속 이야기와 정황을 정리해보면, 소련은 1960년대 들어 쿠바에 미사일을 설치하려다 실패한 다음 냉전이 지속되던 중 자국의 잠수함이 침몰했고 보복할 기회를 노렸다. 그러다가 푸에블로호와 스파이한테서 얻은 정보 덕분에 소련 해군이 미국 잠수함 스콜피언호에 보복했다는 설명은 충분히 일리가 있다. 반면 『붉은 별을 단 악당』에서 주장하듯이 소련 해군이 진주만 또는 미드웨이 기지를 공격하려고 했다는 말은 곧이곧대로 믿기 힘들다. 1968년은 쿠바에 미사일 기지를 세우려다가 미국 케네디 대통령에게 쫓겨난 이후인지라 소련은 체면을 세우고 싶었을 것이다. 또 베트남전쟁이 한창 확대되던 때라 미국을 곤경에 몰아넣고 싶었을 것이다. 만약 그렇게 했더라면 분명 제3차 세계대전이 일어났을지도 모르는데, 소련이 그런 무모한 짓을 할 리가 없지 않았을까. 만약 그랬다면 전 인류는 큰 불행에 빠졌을 것이다.

물속에 있는 잠수함을 찾아내는 방법

오호츠크 해와 북태평양을 포함한 세계의 깊은 바닷속에서는 소련의 핵잠수함들이 활동하고 있었다. 그러므로 미국은 소련 핵잠수함 한 척 한 척의 움직임을 예의 주시했다. 게다가 오호츠크 해와 북태평양은 미국 본토에서 가깝기 때문에 미국은 그곳에 나타나는 소련 핵잠수함들을 물 샐 틈 없이 경계했고 소련도 마찬가지였다.

그렇다면 물속에 있는 잠수함을 어떻게 찾아낼 수 있을까? 잠수함의 프로펠러 소리를 듣고 위치를 알 수 있다. 아직까지 모든 잠수함은 프로펠러의 힘으로 전진한다. 프로펠러가 고속으로 회전하면 진공 동공이 생겨 캐비테이션(cavitation) 기포라는 공기 방울이 만들어지고, 기포가 진동하거나 터질 때 소리가 난다. 이런 소음을 분석하면 탐지 범위 안에 있는 잠수함을 포함하여 모든 배의 종류, 크기, 속력, 방향을 알 수 있다.

미국 해군은 대한해협을 포함하여 세계 바다 도처에 잠수함이 지나갈 만한 곳에 프로펠러 소리를 감시하는 장비를 설치해놓았다. 이 장비로 신호를 분석해 여객선인지 상선인지 잠수함인지를 구분한다. 오호츠크 해 부근의 해저도 예외는 아니다. 실제 미국 해군은 그 부근 바다에 잠수함 추적 장치를 설치하는 작전에 오래전부터 엄청난 예산을 쏟아부었다. 미국 잠수함이 몰래 오호츠크 해에 들어가 비밀 장치를 설치하여 모든 것이 완벽하게 갖춰진 듯했지만, 그 작전은 몇 년 후 완전히 실패로 돌아갔다. 오호츠크 해 바닥에 설치한 비밀 장비가 1981년에 아무 이유 없이 멈추었기 때문이다. 나중에 알려진 바로는, 소련 해군 측이 스파이였던 미국 해군 통신 기술자 존 안토니 워커(John Anthony Walker)에게 기밀을 빼내 손을 썼다고 한다.

물속에서 위치를 아는 방법

물속에서 정확한 위치를 어떻게 알아낼 수 있을까? 모선에서 물속으로 내려 보낸 잠수정의 위치를 아는 방법과 대양에서 잠수함을 찾아내는 방법은 다르다.

먼저 가까운 물속에서 움직이는 잠수정의 위치를 찾으려면 잠수정이 움직일 만한 구역 안의 정해진 위치에 특정한 주파수의 파동을 보내는 장치를 설치할 필요가 있다. 이러한 장치로 핑거(pinger)와 트랜스폰더(transponder)가 있다. 핑거는 일정한 시간 간격으로 특정 주파수의 음파를 자동으로 일으키는 장치이다. 반면 트랜스폰더는 미리 정해놓은 특별한 신호를 수신하는 경우에만 신호를 보내는 장치이다. 잠수정에서는 미리 해저에 설치한 핑거나 트랜스폰더로부터 음파를 수신하여 자기 위치를 찾는다. 그리고 모선에서는 잠수정에서 송신하는 핑거의 음파를 받아서 위치를 알아낸다. 잠수정이 움직이면 거리가 달라지고 핑거에서 송신한 음파가 도달하는 시간이 달라지기 때문이다.

대양에서 잠수함을 찾아내고 추적하는 방법은 이와 다르다. 육상의 기지에서 수중청음기(물속에서 음파를 들을 수 있는 장치) 수백 개를 일정한 간격으로 연결한 장치를 일직선으로 바다 밑에 깔아둔다. 이런 장치를 대륙사

면이나 해저산 같은 곳에 수백 킬로미터 간격으로 여러 곳에 설치한 다음, 육상기지에서는 들어오는 주파수를 컴퓨터로 분석해 합성한다. 이후 각각의 장치에서 얻은 결과를 종합하면 잠수함이 있는 곳을 알 수 있다. 예를 들면 각각의 장치에서 파악한 이상한 물체의 방향이 60도, 75도, 90도라면 세 직선이 만나는 곳에 이상한 물체가 있다는 뜻이다. 물론 그 이상한 물체의 방향을 추적하여 이동 방향과 속도는 물론 크기도 알 수 있다. 이 방법을 음파감시시스템(SOSUS)이라고 부른다.

미국 해군은 과학자들과 함께 1940년대 후반에 침몰한 잠수함들을 찾기 위해 이 음파감시시스템 기술을 개발했다. 미국은 1952년 대서양으로 들어오는 소련 잠수함을 찾기 위해 처음으로 그린란드 남쪽 바다에서 영국 북쪽 바다까지 총 9곳에 이 음파감시시스템을 설치했다. 미국은 1961년 이 음파감시시스템을 이용해 미국의 핵잠수함이 영국으로 가는 것을 추적해 가치를 증명했다. 그리고 다음 해에 일어난 쿠바 미사일 사태 때 작은 소련 잠수함을 발견해 추적했다. 1968년에는 처음으로 빅터급과 찰리급 소련 잠수함을 추적했으며, 1974년에는 델타급 잠수함을 관측했다. 빅터급 잠수함은 수중 배수량이 6000톤 정도이며 길이가 90미터를 약간 넘는다. 찰리급 잠수함은 수중 배수량이 5000톤이며 길이가 100미터이다. 델타급 잠수함은 수중 배수량이 1만 톤에 길이가 140미터인 아주 큰 잠수함이다. 지금은 이 시스템이 한층 발전해 육상기지 숫자는 줄어들었어도 감시 성능은 크게 늘었다. 지금은 이 기술을 이용해 고래 소리나 바다 밑에서 일어나는 지진 등을 연구한다.

자세히 알아보기

고래에게서 배운 기술

음파감시시스템의 원리는 고래가 물속에서 먹이를 찾고 동료들과 이야기하는 원리와 같다. 고래는 바닷물의 특정한 층이 소리를 멀리 전한다는 것을 알고 있다. 그 수층을 소파(SOFAR) 채널이라고 한다(소파는 '음파를 고정시켜 멀리까지 전달한다'는 뜻이다). 소파 채널이란 수심 1000미터 정도 되는 곳에서 수온과 수압 때문에 파동의 전달 속도가 최소가 되어도 파동이 사라지지 않고 끝없이 반사하면서 아주 멀리까지 가는, 그다지 두껍지 않은 수층을 말한다.

음파가 소파 채널을 따라 멀리 간다는 것은 제2차 세계대전 직전에 미국 해양지구물리학자 윌리엄 모리스 유잉(William Maurice Ewing, 1906~1974) 교수가 발견했다. 소파 채널에서는 주파수가 낮은 파동이 멀리 간다는 점에서 이 채널의 원리는 가늘고 긴 위장 내시경 원리와 같다. 우리는 고래가 이미 오래전부터 써온 방법을 이제야 배워서 쓴다.

황금을 실은 일본 화물 잠수함의 침몰

제2차 세계대전이 막바지에 다다를 무렵인 1944년 6월 23일, 깜깜한 그믐날 밤이었다. 북회귀선에 가까운 대서양 한복판 수면 위로 검은 물체 2개가 다가왔다. 그들은 비밀 신호를 주고받고 물건과 사람을 건넨 다음 소리 없이 헤어졌다. 그들은 누구이고 왜 그렇게 어둡고 먼 망망대해에서 몰래 만났을까?

한쪽은 일본을 떠나 인도양을 가로지른 다음 아프리카 끝을 돌아 대서양으로 온 일본 잠수함 I-52호였다. 길이가 109미터로 축구장보다 긴데, 당시 미국 잠수함의 길이가 보통 92미터 정도임을 감안하면 아주 큰 편에 속한다. 또 일본 잠수함의 동력이 보통 1만 1000마력인 데 비해 I-52호는 6000마력으로 반 정도에 지나지 않았으나 속력은 시속 17해리(1해리는 약 1852미터)에 항속 거리가 거의 4만 킬로미터에 가까워 적도를 한 바퀴 돌 정도였다. 2564톤인 I-52호는 1943년 12월에 취항한 같은 크기의 잠수함 3척 가운데 하나로, 공격용이 아니라 화물 운반용이었다. 함장은 일본해군사관학교를 졸업한 우노 가메오 대령이었다.

보통 잠수함이 그렇듯 일본 잠수함은 낮에는 배터리의 힘으로 물속을 항해하고 밤에는 물 위로 나와 기관으로 돌린 프로펠러로 항해하며 배터리를 충전했다. 그런데 이 잠수함은 연료를 공급받지도 않은 채 3만 3800킬로미터를 왔다. 목표지는 당시 독일이 지배한 프랑스의 항구 로리앙이었다.

또 다른 배는 독일 잠수함 U-530호였다. 독일 잠수함은 일본 잠수함에

제1차·제2차 세계대전 당시 독일 해군이 운용한 중형 잠수함 U보트

연료와 레이더 탐지기, 암호제조기를 넘겨주었고, 일본 잠수함은 독일의 레이더 기술자 두 사람과 독일 연락 장교 한 사람을 넘겨받았다.

제2차 세계대전 동안 독일과 일본은 필요한 원자재와 기술을 주고받았다. 독일은 원자재가 필요했고 일본은 기술이 필요했다. 독일이 소련과 사이가 좋았을 때는 아시아 대륙을 가로지르는 시베리아 횡단열차를 이용했으나 1941년 6월 독일이 소련을 침공한 이후에는 사정이 달라졌다. 이 때문에 독일과 일본은 선박, 그 가운데서도 잠수함을 이용해야만 했다.

일본 잠수함은 히로시마에서 그리 멀지 않은 구레 잠수함 기지를 출발해 싱가포르에서 주석 228톤, 몰리브덴 9.8톤, 텅스텐 11톤과 생고무 54톤, 키니네 3톤, 생아편 3톤, 카페인 54킬로그램을 배에 실었다. 모두 군사 장비를 만드는 데 꼭 필요한 특수 강철용 금속이며 원자재이자 약품 원료였다. 키니네는 말라리아의 특효약이고 생아편은 진통제와 심장병 약의 원료이다. 또 독일에서 제공하는 기술에 대한 대가인 황금 약 2.2톤을 실었다. 황금 덩어리 146개가 금속 상자 49개에 들어 있었다. 당시 잠수함에는 선원 94명에 미쓰비시를 포함한 여러 회사 기술자 14명을 합쳐 모두 112명이 타고 있었다.

미국 측에서는 원자탄에 관한 비밀이 그 잠수함에 실려 있을 거라고 추측했다. 잠수함 측은 아무도 그들을 보지 못했고 접선 사실조차 모를 것이라 생각했다. 그러나 "낮말은 새가 듣고 밤 말은 쥐가 듣는" 법, 당시 미군은 일본군의 암호를 완전히 해독해 일본과 독일 잠수함의 항해 목적과 그들이 만나는 지점, 시간까지 정확하게 알고 있었다. 이에 잠수함이 일본을 떠난 다음 계속 추적했다. 마침내 화물선을 개조해 비행기 14대를 실을 수 있었던 미국의 작은 항공모함 보그(Bogue)호에서 발진한 폭격기가 자정 무렵 물 위에 떠서 항해하던 일본 잠수함을 찾아냈다. 즉시 조명탄을 떨어뜨리고 폭탄을 떨어뜨렸지만 폭탄은 목표물을 비껴갔다. 비행기에서는 조명탄과 비행기에 놀란 일본 잠수함이 물속으로 급히 들어가느라 일으킨 하얀 물거품만 보였다. 그러나 다른 비행기가 잠수함 추적 장치를 바다에 떨어뜨려 일본 잠수함의 위치를 확인했다. 그리고 잠수함을 폭파하기 위해 당시 아주 새로운 무기인 음파추적장치가 있는 어뢰를 떨어뜨렸다. 몇 분 후 비행기에 탄 승무원들은 큰 폭음에 이은 긴 침묵에 숨을 죽였다. 다음날 항공모함을 호위한 미국 구축함 2척이 바다에 떠 있는 1톤가량의 포장된 고무 꾸러미와 비단 조각 그리고 사람의 살덩어리들을 찾아냈다.

황금 잠수함 I-52호를 찾아서

그로부터 오랜 세월이 흘렀다. 전쟁의 혼란 속에 황금을 싣고 가다 침몰한 배에 관심이 있던 텍사스 주 출신의 폴 티드웰(Paul Tidwell)은, 일본 잠수함 I-52호가 황금을 싣고 출발했으나 목적지에 도착하지 않은 사실을 알게 되었다. 그러나 그 잠수함이 어떻게 되었는지 아는 사람이 아무도 없었다. 티드웰은 당시 잠수함을 격침했던 미국 항공모함의 항해 일지와 독일 잠수함 U-530호의 항해 일지에서 일본 잠수함이 격침되었다는 사실을 알아내고는 잠수함이 사라진 대강의 위치를 파악한 후 자금을 지원해줄 사람을 모았다.

1994년에 발행한 『난파선과 보물지도』에도 일본 잠수함 I-52호가 미국 비행기의 공격을 받아 손상되었으나 침몰하지는 않았다고 기록하고 있다. 이 책은 그동안 침몰한 배와 그 배가 싣고 있었던 물자, 그 가운데 황금 같은 보물을 실은 배가 가라앉은 곳과 시간을 모두 정리해놓은 두꺼운 지도책이다.

드디어 티드웰은 1995년 러시아 조사선 유즈모게올로기야(Yuzhmorge-ologiya)호를 빌려 일본 잠수함 I-52호를 찾아 나섰다. 배수 톤수 4430톤인 이 러시아 배는 냉전 때 미국 잠수함만을 전문으로 추적했던 배로, 바다 밑바닥을 자세히 살필 수 있는 성능이 아주 좋은 소나가 2대씩이나 있었다. 또 심해 사진기가 있어 해저에 있는 웬만한 물체는 실물을 보듯이 정밀하게 촬영할 수 있었다. 또한 바다 밑바닥 물체를 긁어 담는 장치와 길이 6000미터의 강철 케이블, 강력한 인양 장치인 윈치(winch)도 있었다.

유즈모게올로기야 호(위)와 일본 잠수함 I-52호(아래)

옛 소련이 해체되어 러시아로 바뀌었지만 경제 상황이 나빠져 이런 좋은 장비를 갖춘 배를 서방에 빌려 주기 시작했다.

처음에 티드웰은 미국 비행기 조종사의 보고서를 바탕으로 해저 수색 전문회사의 지원을 받아 넓은 해역에 걸쳐 잠수함을 찾았다. 일정 간격을 두고 일직선으로 왔다 갔다 하면서 바다 밑바닥을 수색했지만 구역이 워낙 넓어 잠수함을 찾지는 못했다.

티드웰은 해저 수색 전문회사의 도움으로 조사 구역을 다시 결정했다. 정말 지루하고도 힘든 작업이었다. 입술이 마를 정도로 초조하게 일본 잠수함을 찾기 시작한 지 17일째 되던 5월 3일 새벽 3시 30분, 드디어 화면에 심상치 않은 물체가 나타났다. 바로 잠수함이었다. 소나가 넓은 지역을 내려다보며 화면에 나타난 잠수함은 크기는 작게 보여도 긴 타원형에 구조물이 있는 것으로 첫눈에도 잠수함임을 알아볼 수 있었다.

일본 잠수함 I-52호는 아프리카 베르데 곶(Cape Verde) 서쪽으로 1900킬로미터 떨어진 수심 5100미터 바다 밑바닥에 가라앉아 있었다. 소나로 확인한 잠수함은 오른쪽에 어뢰를 맞아 생긴 것으로 보이는 구멍 외에는 부서진 곳이 없었다. 잠수함의 위치와 소나에 나타난 기록으로 보아 바로 티드웰이 찾던 잠수함임을 쉽게 알아볼 수 있다. 당시 티드웰은 다음과 같이 수색 과정을 간단하게 정리해 말했다. "독일 잠수함장이 보고한 거리에서 10마일 정도 벗어났습니다. 미국의 보고서도 빗나가기는 마찬가지였죠. 그러나 미국 보고서를 다시 정리해 추측한 결과, 일본 잠수함의 실제 위치에서 반 마일도 벗어나지 않았습니다. 정말 굉장한 일입니다!" 그들은 마지막 조사에서 일본 잠수함을 찾아내지 못한다면 그냥 포기하고 돌아

소나는 음파를 발사한 뒤 반사되어 오는 음파를 받아 해저를 탐사하는 장비이다.

갈 생각이었다. 당시 러시아 배가 파나마에서 엔진 기름을 잘못 넣어 엔진에 무리가 갔기 때문이다. 그렇게 배가 항구로 돌아가기 직전 마지막 순간에 잠수함을 찾아냈다. 만약 그대로 돌아갔다면 잠수함은 영원히 발견되지 않았을지도 모른다. 티드웰은 잠수함을 본 그 순간을 "엄청나게 황홀했다"라고 표현했다.

티드웰은 잠수함을 찾아낸 뒤 그것이 자기가 찾던 I-52호임을 확인하기 위해 바다 밑바닥을 장비로 훑었다. 무엇이 걸려 올라왔을까? 배 위로 올라온 물체는 페인트를 칠한 나뭇조각과 배터리 부품으로 보이는 납덩어리, 강철 부품, 아편을 담았던 통으로 무게는 약 2킬로그램 정도 되었다.

베트남전쟁에 두 번이나 참전해 훈장까지 받은 전역 군인인 티드웰은 난파 보물선을 찾는 일을 주업으로 하는 사업가였다. 이미 보물선 몇 척을 찾아낸 그는 I-52호를 발견함으로써 큰 업적을 쌓게 되었다.

당시 러시아 배의 기술자들도 최고의 기술을 발휘해 성의껏 티드웰을 도왔다. 그 결과 잠수함이 뱃머리가 아래로 비스듬하게 기울어져 두께 3~5미터의 진흙으로 덮여 있다는 것도 알아냈다. 한번은 심해 사진기가 잠수함 선체 바로 위를 지나가면서 1.5미터 간격으로 사진을 8장 찍었는데, 뛰어난 러시아 사진기의 성능과 촬영 기술 덕에 아주 선명히 찍혔다. 그때 잠수함 선체를 약 300매 정도 찍었다고 하는데 사진을 찍은 러시아 사람을 직접 만날 기회가 있었다. 한국해양연구소 극지연구부가 1998년 11월부터 1999년 1월까지 그 러시아 배를 빌려 남극 해양을 조사했기 때문이다. 그에게 혹시 잠수함 사진을 한두 장 가지고 있느냐고 물었더니, 계약에 따라 모든 사진과 기록을 티드웰이 가져갔다고 말했다. 엄청난 돈이 걸린 일이니 기록을 함부로 공개하지 않았을 것이다. 하지만 러시아 배의 연구실에는 당시의 흑백사진 몇 장이 붙어 있었다.

50대 중반의 키가 큰 그 러시아 사람은 원래 고등학교에서 물리를 가르치다 소련이 망하면서 전자 기술자로 조사선을 타게 되었다고 한다. 그는 전자 기술자답게 배 위에서 부속품 몇 가지를 모으더니 사진기가 해저에 닿는 순간 자동으로 조명이 켜지고, 사진을 찍을 수 있는 심해 사진기를 만들었다. 수압에 견딜 수 있는 사진기는 일본제로, 투박하고 다소 볼품없는 모양새였지만 사진은 아주 잘 나왔다.

티드웰은 자금을 모아 1998년, 잠수정 미르호를 보유한 러시아 배를 빌려 다시 현장으로 갔다. 그와 몇 사람이 잠수정을 타고 내려가 일본 잠수함을 확인했다. 티드웰은 자신이 인양한 배에서 나온 불에 반쯤 탄 군화 한 짝과 유류품 몇 가지를 일본 유가족을 찾아가 전했다. 또 일장기를 잠수정 함교에 걸쳐놓고 제사를 올리며 죽은 사람들에 대한 예의를 표시했다.

황금을 실은 일본 잠수함이 발견되었다는 사실이 알려지자 미국 텍사스의 바닷속 보물을 찾는 어떤 사나이가 그 잠수함은 자기 것이라면서 자신 외에는 누구도 잠수함을 인양하지 못하게 하겠다고 엄포를 놓기도 했다.

일본 잠수함에 실려 있는 황금 2.2톤의 현재 시가는 얼마나 될까? 한때 천정부지로 오르던 금값이 요즘(2016년 4월 중순 기준)은 금 1온스에 1250달러 정도 한다. 그러면 금 1킬로그램에 4만 달러 정도이고 1톤에 4000만 달러 정도이니, 2톤이면 8000만 달러이다. 황금을 인양하는 데 든 경비는 15년 전에 700~800만 달러였으며, 그동안 물가가 오른 것을 생각해도 금값에 견주면 그렇게 많지 않을 것이다.

I-52호 잠수함의 사진들을 보면서 한 가지 신기한 것은, 잠수함의 선체가 타이태닉호와는 달리 아주 매끈하다는 점이다. 아마도 잠수함이 가라앉은 곳이 쇠를 분해하는 미생물이 살고 있지 않는 환경이거나 일본 잠수함이 침몰한 곳이 타이태닉호가 침몰한 곳(수심 3900미터)보다 훨씬 깊거나 해수의 성분과 잠수함 표면에 칠한 페인트 성분의 영향도 그 이유가 될 것이다. 또는 일본 잠수함이 타이태닉호보다 훨씬 뒤늦게 가라앉았기 때문이거나 우리가 알지 못하는 또 다른 이유가 있을 수도 있겠다. 하지만 선체가 아무리 깨끗해도 고사포 손잡이에 다른 곳과 달리 말미잘이 아주 많이 붙어 있어 시간의 흐름을 말해준다.

일본 정부는 잠수함 I-52호가 발견되자 그 잠수함도 무덤의 일종이고 자기네 소유라며 처음에는 인양을 반대했다. 그러나 나중에 잠수함이 인양된다면 훌륭한 박물관이 될 것이라고 생각해 인양을 지원했다. 현재 세계에서 제2차 세계대전의 잠수함이 전시된 박물관은 미국과 오스트레일리아에 있지만 일본에는 없기 때문에 그렇게 결정한 것으로 보인다.

티드웰은 I-52호 전체를 인양하기로 결정한다. 인양에 30일 정도 걸리고 미국까지 가져가는 데 2주 정도 걸리리라 예상하고 있다. 그는 잠수함과 그 속에 있을 것으로 추정되는 모든 유골은 일본 가족들에게 돌려줄 계획이다. 과학의 발달로 이제는 유전자 조사를 통해 유골의 가족과 친척을 알아낼 수 있다. 그러한 조건으로 일본 정부도 인양 계획을 지원해, 인양이 성공하면 비용 전액을 보상하고 황금의 10퍼센트를 티드웰에게 줄 계획이다. 2000만 달러를 투자하겠다는 회사도 있지만 아직 자세한 인양 계획은 세워지지 않은 것으로 보인다.

일본 잠수함 I-52호의 탐사 과정 기록은?

자세히 알아보기

폴 티드웰은 잠수함을 발견했지만 그 과정을 책에 담지는 않았다. 단지 <내셔널지오그래픽>을 비롯한 몇몇 잡지에 짧은 기사로 실렸을 뿐이다. 반면 티드웰과 거의 같은 때인 1995년 2~3월에 I-52호를 찾아 나섰던 러시아 배 아카데믹 켈디쉬(Akademik Keldysh)호의 잠수함 탐사 과정은 기록으로 남아 있다. 이는 그 배에 탔던 제임스 해밀턴 패터슨(James Hamilton Paterson)이라는 작가 덕분이다. 그는 1998년에 『수심 5000미터 바닷속에: 가라앉은 보물선 수색』이라는 두툼한 책을 발간했다. 반면 티드웰의 배에는 작가가 타지 않았다. 그러나 잡지 <라이프>의 전직 기자였던 리처드 빌링(Richard N. Billing)은 그의 도움으로 2006년『전쟁터였던 대서양: 일본 잠수함 1척의 침몰이 제2차 세계대전을 확실하게 종결』이라는 책을 냈다. 빌링은 이 책에서 미국 트루먼 대통령은 일본 잠수함 I-52호에 관한 소문 때문에 일본이 원자탄을 개발하는 것을 두려워해 먼저 원자탄을 떨어뜨릴 결심을 했다고 썼다.

한편 <내셔널지오그래픽>에서는 2000년에 I-52호에 관한 비디오테이프를 만들었다.

6장

보물선을 찾아서

중국 보물선 난하이 1호와 난아오 1호

2007년 12월 텔레비전에서 그렇게 크지 않은 배 전체가 바닷물 속에서 올라오는 장면을 내보냈다. 바로 중국 정부가 난하이 1호 인양을 전국에 생중계한 장면이다. 배는 커다란 직육면체 철제 틀 속에 담겨 올라왔다.

1987년에 발견된 난하이 1호는 길이 30미터, 폭 10미터의 목선으로, 840여 년 전 중국 남송시대에 인도-스리랑카를 향해 해상 실크로드를 가다가 홍콩과 하이난 섬 중간 지점인 광둥성 양장시 앞바다에 침몰했다. 배는 수심 20미터 깊이에 똑바로 가라앉았고 그 후 진흙으로 덮였는데, 그 두께가 2미터가 넘었다.

중국 정부는 배를 해체하지 않고 그대로 인양하기로 결정했다. 침몰한 위치가 그리 깊지 않고 배가 똑바로 가라앉아 모양이 완전했기 때문이다. 화물이 가득 실려 있고 두꺼운 진흙으로 덮인 선체가 매우 무거웠지만 현대 인양 장비로 충분히 들어 올릴 정도였다. 그대로 들어 올려야 배의 내부 구조와 적재된 화물을 흐트러뜨리지 않을 수 있다. 중국 기술자들은 약 3년간 배를 그대로 들어 올리는 방안을 모색했다.

먼저 배가 들어갈 만한 큰 틀을 만들어 배를 그 안에 넣기로 결정했다. 기둥으로 선체를 덮을 크기의 직육면체를 만들고 선체 밑바닥에 구멍을 뚫어 마룻대를 끼우기 시작했다. 이때 마룻대는 길이 15미터, 폭 0.8미터, 무게 5톤으로 모두 35개를 쓰기로 했다. 마룻대는 속이 비어 있고 부력 주머니가 연결되어 있어 스스로 떠오를 수 있어 일종의 부이 역할을 했다. 그리고 배의 무게가 한쪽으로 쏠려 배가 부서지지 않고 쓰러지지 않도록 배의 중간중간을 강철 기둥으로 받쳤다.

2007년 12월 인양된 선체는 광둥 해상실크로드박물관으로 옮겨졌다. 난하이 1호를 전시할 수정궁은 유리로 지은 거대한 수족관을 닮았는데 자외선과 박테리아 침입을 막고 바람도 막도록 특별히 설계한 건물이다. 2009년 12월 개관한 수정궁은 작은 타원형과 거대한 반원형 건물을 잘 조합해 지었다. 건물의 지붕은 넘실거리는 거대한 파도를 닮아 오르락내리락 한다. 사람들이 마치 물속에 있는 기분이 들도록 침몰된 난하이 1호를 터널 속에서 직접 구경할 수 있게 설계했다.

이 배를 어떻게 발견했을까? 난하이 1호는 1987년에 우연히 발견되었다. 영국 해양 탐사 직원들이 1980년대 초 네덜란드 해사박물관에서 보관한 옛날 신문에서 우연히 "동인도회사의 배가 은 6상자와 금괴 385톤을 싣고 가다가 양장시 앞바다에서 조난 신고를 보낸 뒤 침몰했다"는 신문기사를 발견했다. 이 단서를 바탕으로 영국은 중국 정부에 탐사를 신청했고, 몇 년간

광둥 해양실크로드박물관 전경. 인양한 난하이 1호의 선체가 전시되어 있다.

의 탐사 끝에 배를 발견했다. 그러나 영국 팀이 찾던 보물선은 아니었다.

2002년 선박 창고에서 인양한 유물 6000점을 포함해 이 배에는 유물이 6~8만 점 있으며 그 가치는 1000억 달러, 우리 돈으로 100조 원이 넘을 것으로 추정된다. 2006년 송나라 백자 항아리 하나가 2000만 달러에 팔린 것을 바탕으로 한 계산이다. 이 배는 현재 세계에서 인양한 배 가운데 가장 오래되었으며, 가장 크고 가장 완벽하게 보존돼 있다. "난하이 1호 인양은 진시황 병마용과 같은 발견이어서 문화재 가치는 돈으로 환산할 수 없을 만큼 크다"는 의견이 있을 정도이다.

중국 광둥성 산터우 시 난아오 현 앞바다에서 2007년 4월 난하이 1호 못지않은 배가 발견되었다. 바로 난아오(南澳, 남오) 1호인데 난하이 1호 때문에 큰 관심을 끌지는 못했다. 길이 25.5미터에 폭 10미터인 이 배는 460년 전 명나라 만력제(萬曆帝) 시절 수출용 청화무늬 도자기 수만 점을 싣고 가다가 바다에 빠졌다.

중국에서는 '보물선 2호'라고 부르는 이 배의 유물 인양 작업은 2010년에 들어서야 활발히 이루어져 같은 해 5월 인양한 유물 일부를 공개했다. 중국 푸젠성에서 만든 도자기가 주로 나왔으며 아주 귀한 청화자기도 있었다. 크기는 난하이 1호보다 작지만 보물이 수만 점 실려 있을 것으로 추정돼, 유물과 고고학 연구 분야에서는 난하이 1호 못지않게 중요하다는 주장이 있다. 한편, 이 배는 온통 흙과 모래로 뒤덮여 있어 난하이 1호보다 인양하는 데 어려움이 따른다고 한다.

중국 남해 해역과 지중해, 카리브 해는 선박의 세계 3대 무덤으로 알려졌다. 실제 해상 실크로드의 일부인 중국 남해 해역에서는 10만 척 이상이 침몰되었다는 설도 있다. 또한 남아메리카의 끝 혼 곶(Cape Horn) 부근에서도 무수한 배가 침몰한 것으로 추정된다. 1914년 파나마 운하가 개통되기 전에는 태평양과 대서양을 오가는 모든 배가 마젤란 해협을 지나거나 혼 곶을 돌아갔기 때문이다. 워낙 많은 배가 지나갔고 바다가 아주 험해서 생긴 결과이다.

동해에서 침몰한 돈스코이호에는 황금이 있었을까

2000년대 초 우리나라 동해에서 러일전쟁 당시 가라앉은 러시아 군함을 찾는다는 소문이 퍼졌다. 주인공은 1905년 5월 울릉도 아주 가까운 곳에서 일본 진함에 격침되는 것을 피해 자침(自沈)한 6200톤급 드미트리 돈스코이(Dmitri Donskoi)호였다. 5월 27일부터 대마도 동쪽 바다에서 시작해 29일 울릉도에 이르는 전투에서 30척가량의 크고 작은 러시아 군함들이 대마도 동쪽 바다와 울릉도를 중심으로 한 동해에 가라앉았는데, 돈스코이호는 29일 오전 울릉도 동쪽 저동항에서 아주 가까운 바다에 가라앉았다.

29일 새벽 울릉도 행남마을 일대에 상륙한 러시아 해군 패잔병들이 동네 사람들에게 자기네 배를 가리키며 그 배에 황금이 많다고 말하자 그 소문이 온 동네에 퍼지기 시작했다. 패잔병들은 얼마 안 있어 모두 일본군의 포로가 되었다. 일본에 패하고 배를 잃은 것에 책임감을 느낀 돈스코이호의 레베데프 함장은 훈장을 단 제복 차림으로 부하들에게 자기 몸을 배에 묶으라고 한 뒤 배와 함께 물속으로 사라졌다는 소문도 있다. 그러나 실제로는 부상을 당한 뒤 포로가 되어 일본 전함에 실려 갔다가 죽고 훗날 유해는 고국에 이장되었다.

지구물리 탐사 장비로 그 배를 찾던 한국해양과학기술원 유해수 박사는 돈스코이호를 발견했다고 발표했다. 그 증거로 내세운 것은 물속에 가라앉은 배의 모습을 찍은 수중 사진이다. 사진을 보면 배가 맞지만 그 배가 돈스코이호라는 증거가 되는 번호나 그 배만의 특이한 구조물은 잘 보이지 않았다. 그는 발견한 배의 선체와 꼬리 모양, 함포 사진들이 상트페테르부르크 해군 역사박물관에 있는 돈스코이호 모형과 일치한다며 돈스코이호라고 자신했다. 울릉도 아주 가까운 곳에서 침몰한 배는 돈스코이호뿐이므로 그럴 가능성이 있다.

침몰한 배의 정확한 이름을 확인하려면 그 배만의 특이한 구조 같은 것이 있어야 한다. 예를 들면 타이태닉호를 발견했을 때 심해 카메라로 찍은 수많은 사진 가운데 지름이 2미터가 넘는 거대한 보일러 3개가 모여 있는 사진을 보고 나서야 타이태닉호라는 것을 확신했다. 탐사 팀이 모은 타이태닉호의 사진 수만 장 속에 똑같은 보일러 사진이 있었기 때문이다.

2002년 발간된 『러시아제국 황제의 마지막 함대』의 저자 콘스탄틴 플레샤코프(Constantine Pleshakov)는 우리나라 어느 건설 회사가 러시아제국의 황금을 실은 배를 인양한다고 하지만, 러시아제국이 황금을 배편으로 보냈을 리 없다며 돈스코이호에 황금이 실려 있다는 주장을 강력히 부인했다. 당시만 해도 러시아제국의 기차가 1901년에 준공된 러시아 횡단철도로 다녔기 때문에 대서양-인도양-동해를 가로지르는 위험하고도 시간이 오래 걸리는 배편을 선택했을 리 없다는 주장이었다.

1980년 10월 세상을 떠들썩하게 한 사건이 있었다. 1905년 5월 27일 대마도 동쪽 근해에서 격침된 8524톤의 러시아 장갑순양함 애드미랄 나히모프(Admiral Nakhimov)호에서 백금 덩어리 17개가 인양되었다는 보도였다. 그러나 인양된 덩어리는 백금이 아닌 납으로 밝혀졌다. 처음 인양되었을 때 백금치고는 너무 가벼워서 은이라는 의견도 있었지만 모두가 백금으로 굳게 믿었다고 한다. 당시 인양 팀은 매우 흥분한 상태였고 그러한 상황에서 누구나 백금이라고 생각했기 때문에 제대로 진위를 분석하지 못한 결과였다. 하지만 흥분을 가라앉히고 자세히 살펴보니 배의 무게중심을 낮추는 밸러스트인 납덩어리였다. 이 사실은 인양 작업을 주도한 사사카와 료이치(笹川良一)에 대한 일본 중의원 청문회에서 밝혀졌다. 인양 당시 사사카와가 백금(사실은 납) 덩어리를 책상에 올려놓고 자신만만한 표정을 지은 사진을 신문에서 보았던 것이 떠오른다.

백금의 비중은 21.3, 은의 비중은 10.5이므로 은이 백금보다 훨씬 가볍다는 것은 맞는 말이다. 참고로 금의 비중은 19.3이며 납의 비중은 11.3이다. 나히모프호에서 인양한 물품 중에는 귀중한 것이 많지 않았다. 인양 유물 가운데 대포를 지금도 전시하고 있다.

일본 해전사를 보면, 당시 우리 돈 24조 원에 해당하는 금괴를 실었다고 알려진 나히모프호에서 침몰 직전에 돈스코이호로 상당한 황금을 옮겨 실었다는 기록이 있다. 러시아 해군 제독도 같은 말을 했다는 기사가 오래전 우리나라 신문에 실린 적도 있다. 당시 러시아 황제 니콜라이 2세는 발틱 함대의 군자금과 일본을 정벌한 다음 평정하는 데 자금이 필요하다고 생각해 나히모프호가 그 자금을 운반하던 중이었다고 한다. 그러나 앞서 이야기한 대로 나히모프호에 보물이 하나도 없었다는 점을 떠올리면 그 말은 믿기 힘들다. 그렇다면 보물을 몽땅 돈스코이호로 옮긴 것일까?

여러 정황을 꼼꼼히 살펴보면 돈스코이호에는 황금이 없다고 보는 것이 옳다. 하지만 발 없는 소문이 무성히 나돌며 나히모프호에 실린 황금의 가치가 앞서 말한 24조 원의 6배가 넘는 150조 원이라는 설도 생겨났다. 만약 이 말이 사실이라면 먼저 나히모프호에 황금을 실었다는 기록과 그 배가 침몰하기 직전에 돈스코이호로 옮겨 실었다는 기록을 확인하고, 여러 정황에 맞추어 기록의 진위 여부를 따져야 한다. 적과 싸우는 중에 그럴 여유가 있지는 않았을 것이다. 싸우기 전에 먼저 옮겼을 경우도 생각해볼 수 있지만 그게 가능할까? 타이태닉호의 경우처럼 돈스코이호의 내·외부 사진을 많이 확보하고, 기록과 문헌을 바탕으로 정황을 살펴본 뒤에 판단해야 한다.

자세히 알아보기

러시아의 남진정책

국가가 발전하려면 바다가 반드시 필요하다. 그러한 필요성을 뼈저리게 느끼는 나라가 바로 러시아이며 그들의 끊임없는 남진정책이 이를 잘 증명해준다.

러시아는 몇 차례 남진정책을 추진했고 그때마다 전쟁이 일어났다. 예를 들어 러시아제국은 터키가 장악했던 흑해 보스포루스 해협을 통해 남쪽으로 내려오려고 16세기부터 터키와 여러 차례 다투었다. 그 전투 중 하나가 바로 1853년부터 1856년에 걸친 크리미아 전쟁이다. 1877~78년에도 전쟁을 일으켰지만 그때마다 당시 세계 최강국인 영국이 터키를 도와 러시아의 남진을 막았다.

러시아는 1884년 조로수호통상조약을 맺어 한반도를 통해 남쪽으로 내려오려고 했다. 그러자 영국은 거문도에서 러시아의 활동을 감시했다. 이어서 일본, 청나라와 옥신각신하다가 드디어 1904년 러일전쟁이 일어났다. 그러자 일본과 동맹 관계에 있던 영국이 일본을 지원했고, 일본이 승리하자 남쪽으로 내려오려는 러시아의 의지가 또다시 꺾였다. 그 후 러시아는 북한이나 베트남을 통해 남쪽으로 내려오려고 시도했지만 여의치 않았다. 그 결과 지금도 러시아에는 쓸 만한 부동항(不凍港)이 없어 겨울에는 무역선 출입과 해군 작전의 발이 묶인다.

신안 앞바다에서 건져 올린 보물선

1976년 10월 26일 전라남도 신안군 증도면 증도의 서쪽 바다인 지도읍 도덕도 남서쪽 앞바다에서 아주 중요한 사건이 일어났다. 600여 년간 바닷속에 잠들어 있던 유물이 햇빛을 보았기 때문이다. 실제 유물이 물 밖으로 나타난 순간 발굴 단원들을 비롯해 이를 초조하게 지켜보던 사람들은 일제히 환호성을 지르며 흥분을 감추지 못했다. 펄로 덮이고 조개 껍데기 같은 것이 어지러이 붙어 있었지만, 그 틈으로 조금씩 보이는 연푸른색의 우아한 도자기는 보는 사람으로 하여금 감탄을 자아내기에 충분했다.

이 유물은 1976년 1월 9일 지도읍 방축리에 사는 한 어민이 트롤 어선으로 고기잡이를 하다가 그물에 걸려 나온 도자기 꽃병을 신고하면서 세상에 모습을 드러냈다. 진흙이 묻고 굴 껍데기가 다닥다닥 붙어 있어 처음에는 별것 아닌 줄 알았지만 잘 씻어 보니 청자였다. 그 어민의 동생이 유물을 군청에 가져갔지만 그 가치를 몰랐다. 하지만 서울의 골동품상이 나타나 원나라 청자 가마에서 만든 진품이라고 감정했다. 이어 1976년 4월에도 한 어민이 같은 장소에서 청자와 백자를 발견해 군청에 신고하면서 "물속에 무언가 대단한 것이 있다"는 소문이 돌았다. 경찰은 마침내 도굴꾼들을 잡고 귀중한 유물 수백 점을 압수하기에 이르렀다.

문화재관리국은 긴급히 해저유물 발굴조사단을 구성하고 해군의 협조를 얻어 침몰선과 그 주변에 흩어져 있는 유물을 인양하기 시작했다. 10월 26일부터 약 7일간 진행된 첫 번째 인양 결과, 이 유물은 중국 송나라와 원나라 때 '양쯔 강' 남쪽 항저우 부근에서 만들어진 도자기임이 밝혀졌다.

11월 9일부터 시작된 2차 발굴에서는 침몰선의 형체를 확인할 수 있었다.

고고학계는 그동안 발굴한 자료를 종합해, 이 배가 1323년(계술년) 6월 1일 '양쯔 강' 하구의 무역항 영파(寧波)항을 출발해 일본으로 향하던 중국 무역선으로, 풍랑을 만나 대피하다 침몰했다고 추정했다.

1981년 7월부터는 펄에 묻혀 있는 선체를 발굴하기 시작했다. 선체는 오른쪽으로 50도 정도 기울어졌는데, 오른쪽 아래 전부와 왼쪽 갑판 아래쪽 3분의 1이 펄에 묻혀 있어 배 전체의 45퍼센트 정도가 남아 있었다. 나무가 심하게 썩어 배를 통째로 끌어올리다가는 선체가 부스러질 위험이 있었다. 그래서 선체를 만든 나무를 하나하나 나누어 인양했고, 육상에서 몇 년간 탈염(脫鹽)을 비롯한 여러 가지 처리를 하여 단단하게 만들었다.

복원한 배는 길이 32미터, 폭 10.9미터, 높이 4미터에 무게는 187톤이었다. 또한 돛이 2개로 상당히 큰 편이다. 이 배는 물이 새지 않고 배의 바닥을 동물이 갉아먹지 못하도록 만들어졌다. 선체를 7칸으로 나누어 한 칸에 물에 들어와도 다른 칸에는 물이 들어가지 못하게 하는, 이른바 수밀 격벽 형태여서 당시에도 배를 만든 기술이 아주 뛰어났다는 것을 보여주었다.

1984년 9월 17일까지 11차례 발굴 작업 결과, 이 배에서 원나라 청자 1만 2359점을 포함하여 도자기 2만 661점, 쇠붙이 729점, 동제품 434점, 기타 574점 등 유물 2만 2007점을 인양했다. 이 외에 고려청자와 일본 도자기 몇 점, 장을 만드는 원목인 자단목 1017본과 동전 28톤도 인양했다. 동전은 서기 14년 신(新)나라 화천에서 만든 것부터 1310년의 원나라 지대동보(至大通寶)까지 거의 1300년에 걸쳐 만든 234종류로, 무려 800만 개나

되었다. 동전 800만 개가 28톤이라니, 물론 크고 작은 동전들이 있고 소금물에 부식도 되었지만 동전 한 개의 무게는 대략 3.5그램 정도이다. 우리나라의 구형 10원짜리 동전보다는 가볍고 신형 10원짜리 동전 무게의 3배가 조금 못 된다. 참고로 구형 10원짜리 동전은 무게가 4.03그램 정도이며, 신형은 1.21그램 정도이다. 나중에 알려지기로 이 동전은 일본 교토에 있는 도후쿠지(동복사)라는 절의 불상을 제조할 재료였다. 유물과 함께 중국 사람으로 추정되는 선원의 머리뼈도 인양했다.

주꾸미가 찾은 고려청자 보물선

2007년 5월 18일 충청남도 태안군 근흥면 안흥 앞바다 대섬 근처에서 주꾸미 통발을 올리던 한 어민은 소라 껍데기 통발에 접시를 붙들고 올라오는 주꾸미를 보았다. 주꾸미는 낳은 알을 보호하려고 근처에 있는 단단한 물체를 끌어모으는 습성이 있다. 그는 접시가 흔한 접시는 아닐 것이라고 생각해, 잘 아는 사람을 통해 군청에 신고했다. 그 어민은 주꾸미가 다른 청자 조각들을 붙들고 올라왔지만 조각이라 버리고 상태가 좋은 접시만 신고했다. 그 접시는 진품 고려청자로 밝혀졌다. 신안 보물선 이야기도 있었으니 바다에서 청자가 올라온다면 보통 청자는 아닐 것이라는 예상은 들어맞았다.

'고려청자 보물선'이라고 부르는 이 배에서 이름에 걸맞게 2만 3771점이 넘는 도자기류와 목간(얇은 나무쪽 문서) 34점과 생활 유물과 선체를 포함해 2만 4887점의 유물이 올라왔다. 도자기는 대부분 청자이며 접시와 대접과 사발이 가장 많았고, 청자사자향로 2점과 두꺼비 모양을 본떠 만든 가지고 다닐 수 있는 벼루도 있었다. 전문가들은 배에서 나온 유물을 바탕으로 이 보물선이 12세기에 가라앉은 것으로 추정했다.

이 배에서 처음 발견된 고려시대 목간에 남아 있는 검은 글씨는 대부분 충분히 읽을 수 있는 정도였다. 일종의 물품 송장인 목간 가운데 가장 큰 목간은 길이 30.5센티미터, 폭 2.15센티미터, 두께 0.8센티미터로 앞면에 쓰인 15자 가운데 1자를 빼고는 읽을 수 있다. 강진에서 만든 도자기를 개경으로 보낸다는 내용도 있다.

현재 수집된 선체 조각들로는 배의 크기를 알 수 없지만, 남아 있는 선체의 일부는 길이가 대략 8.21미터에 폭 1.5미터이다. 이 조각이 배의 오른쪽인지 왼쪽인지도 알기 어렵다고 한다. 수심이 8미터 정도로 그다지 깊지는 않지만 조류가 거센 바다에 빠진 이 배에는 도자기가 3층으로 실려 있었다. 굵기가 4~7센티미터인 정박용 로프는 칡으로 만든 것으로 보아 옛날부터 로프 만들 때 칡을 사용했음을 알 수 있다. 짚으로 만든 새끼줄도 나왔고, 옹기의 목을 묶은 줄은 갈대로 만들었다. 이 밖에도 배에는 어깨뼈, 팔뼈, 척추 같은 사람 뼈들이 발견되었는데, 뼈의 크기로 보아 160센티미터가량 되는 30대 남자의 것으로 추정한다.

⚓ 마도 1, 2, 3호선

1980년대부터 태안 보물선이 발견된 대섬 부근 마도 앞바다에서 가끔 유물이 올라온다는 말이 있었으나 확인된 바는 아니다. 그러나 2007년 7월 그 부근에서 고기를 잡던 한 어민의 그물에 대접을 포함한 유물 24점이 걸려 올라오면서 유물 조사가 정식으로 시작되었다. 가까운 곳에서 앞서 말한 고려청자 보물선이 발견되었고, 24점이라는 많은 유물이 올라왔으니 문화재청은 가만히 있을 수 없었다. 마도 1호선은 그렇게 발견되었다.

마도 1호선은 고려청자 보물선에서 북서쪽으로 2킬로미터 정도 떨어진 곳에서 2008년 5월경에 본격적으로 발굴되었다. 2008년 5월에 수중 발굴로 500점이 넘는 유물이 발견되었으며, 2009년 5월 조사에서는 배를 만든 나뭇조각들이 발견되었다. 배의 크기는 길이 11미터 정도에 폭 3.8~4미터로 짐작된다.

이 배는 고려 희종 4년인 서기 1208년 봄, 나주와 해남, 장흥에서 세금으로 거둔 곡물과 강진의 청자를 싣고 가다가 난파된 세곡선이다. 이 배에서는 세곡선답게 세금으로 납부한 벼, 쌀, 콩, 조, 메밀 같은 곡식과 함께 300점이 넘는 청자와 목간 16점, 죽간(竹簡, 글을 쓴 대나무 조각) 48점이 발견되었다. 인양된 청자에는 접시, 대접, 주전자, 잔 같은 것도 있다. 이 밖에 인양된 물품에는 메주도 있고 고등어와 게 같은 해산물에 멸치젓 같은 젓갈류도 있다. 당시에는 세금을 주로 현물로 냈기 때문이다. 죽간은 목간과 마찬가지로 물건을 보낸 사람과 받는 사람의 이름을 적은 일종의 물품 송장이다. 종이가 없을 때 반듯하게 쪼개지는 대나무는 글을 쓰기에 좋았을 것으로 추정한다.

질그릇도 나왔다. 놀랍게도 요즈음 항아리보다 큰 12점을 포함해 모두 33점이다. 이 중에는 온전한 그릇도 있고 수백 개로 조각난 것도 있는데 그릇 안에서 새우나 게의 젓갈로 보이는 유기물이 발견돼 이것들을 담은 것으로 보인다. 가장 큰 질그릇은 장독 크기로 높이 79.8센티미터, 입지름 32.0센티미터, 동체 지름 72.5센티미터, 굽 지름 27.8센티미터이다. 400개가 넘는 조각으로 나온 이 독은 두께가 약 1센티미터, 무게가 19킬로그램 정도로 가벼우며 용도는 분명하지 않다. 물을 담기에는 너무 약하고 그렇다고 젓갈류를 담았던 것 같지도 않다.

특이할 만한 사실은 이 배에서 50킬로그램이 넘는 석탄이 발견되었다는 점이다. 우리나라 석탄은 일본 지질학자가 1920년대 후반에 강원도 태백에서 발견한 것으로 알려져 있다. 그러므로 이 배의 석탄은 우리 조상이 그보다 훨씬 빨리 석탄의 존재를 알았음을 보여주는 증거가 된다. 실제 『삼국사기』를 보면 신라 진평왕 31년에 경주 토함산 일대인 '모자와'라는 곳에서 땅이 탔다는 기록이 있으며, 『고려사』에는 명종 10년인 1180년에 평양 부근으로 추정되는 의연촌에서 땅이 타고 연기가 끊이지 않았다는 기록이 있어 석탄을 알았던 것으로 생각된다. 다만 이렇게 이미 알려진 석탄이 왜 우리 생활에서는 그토록 오랫동안 쓰이지 않았는지 궁금하다.

마도 1호선에서 900미터 정도 떨어진 곳에서 2009년 9월에 발견된 마도 2호선은 길이가 대략 12미터에 폭이 5~6미터이다. 마도 2호선도 고려시대의 배이다. 배에서 발견된 청자 매병은 외형이 아주 당당하고 기법도 정교할뿐더러 죽찰이 매달려 있어 미술사 연구에도 중요하다는 게 전문가들의 의견이다. 죽찰은 대나무로 만든 죽간과 같은 송장(送狀)으로, 화물 품목, 화물을 보낸 일자, 보낸 사람, 받는 사람이 기록된 물품 꼬리표이다. 죽찰에서 고려시대에는 매병을 준(樽) 또는 성준(盛樽)이라고 불렀고 술이나 물 외에 꿀을 담았다는 것도 알아냈다. 마도 2호선에서도 유물이 974점 인양되었다.

국립해양문화재연구소 보고서를 보면 앞서 말한 곳 외에 완도 어두리, 군산 비안도와 십이동파도와 야미도 부근 바다에서도 수중 보물이 발견되었다. 2010년에는 태안군 원안 해수욕장 부근에서 고려청자를 포함한 유물 106점이 발견되었다. 또한 1976년부터 2010년까지 모두 서해 15곳에서 수중문화재가 발굴되었다.

마도 해역에서 해저 유물을 탐사하는 국립해양문화재연구소 선박

2009년 11월 태안군 원북면 앞바다에서 보물급 문화재인 조선 전기 승자총통과 고려시대 청자 접시가 발견되었다. 승자총통은 1583년에 제작된 것으로 보여 보물 855호로 지정된 차승자총통보다 5년이나 앞섰다. 이 지역은 조선의 수도권과 중국으로 가는 배가 지나던 곳이다. 앞으로 연구가 되면 흥미로운 사실이 밝혀지리라 기대한다.

마도 1호선과 2호선 부근에서 발견된 마도 3호선에서는 목간 32점, 녹용, 장기돌이 발굴되었고 배의 이물도 나왔다. 길이 13.1센티미터, 폭 1.5센티미터 되는 목간에는 "우삼번별초도령시랑"이라는 글씨가 적혀 있으며 장기돌은 검은색의 타원형 조약돌이다.

진흙 속 2.5미터 깊이에 묻힌 마도 3호선은 1호선, 2호선에 견주어 보존 상태가 월등히 좋다. 그 이유는 배가 진흙에 덮여 물과 산소와 바다 생물로부터의 피해를 덜 받았기 때문이다. 물론 진흙에 덮이지 않은 부분은 삭아서 잠수부들이 손을 대자 금방 바스러졌다.

마도 3호는 워낙 보존 상태가 좋아 진상품인 곡식과 개고기 육포, 전복 같은 식품도 잘 보존되어 있었다. 이런 식품이 보존되어 있다는 의미는 진흙이 산소를 막아 식품을 썩게 하는 미생물이 살지 못했다는 뜻이다. 그 밖에 생선뼈와 전복 껍데기도 나왔다.

보물선에서 건져 올린 유물을 복원하려면

자세히 알아보기

유물은 짧게는 몇 달에서 길면 몇 년간의 복원 과정을 거친다. 그렇지 않고 곧장 건조시키면 대부분 나무로 되어 있기 때문에 유물이 부스러지거나 휘고 변형된다.

먼저 건져 올린 유물은 물속에 담가 두어 속에 있는 소금 성분을 없애는 탈염 과정을 거친다. 물에 염분이 녹아들면 물을 몇 번이고 갈아주어 염분을 없앤다. 다음으로 충분히 탈염이 된 유물에서 수분을 제거한다. 이때는 보통 식품 보존 방법인 진공 동결 건조법을 이용한다. 크기가 작은 유물을 대상으로 꽁꽁 얼려서 모양이 변형되지 않게 한 다음 수분만 천천히 승화시켜 없애는 과정이다. 수분이 빠져나가 가벼워져도 모양은 그대로 보존된다.

크기가 큰 유물일 경우 셀룰로오스가 포함된 물속에 담가 두어 유물에서 물이 빠져나오는 대신 셀룰로오스를 채워주는 방법을 이용한다. 셀룰로오스를 충분히 채웠다고 생각되면 천천히 말려서 원형을 유지한다. 이런 방법이 불가능하면 물속에 담근 채로 전시된다. 도자기 유물은 탈염 후에 따개비나 생물의 서식 흔적을 없애면 된다. 이런 생물의 흔적은 도자기의 성분과 아주 달라 대개는 쉽게 없앨 수 있다.

보물선을 어떻게 찾을 수 있을까

바다 깊숙이 가라앉은 보물선을 찾으려면 먼저 역사적 자료를 바탕으로 정말 보물을 실었던 배인지부터 확인해야 한다. 만약 보물을 실은 배가 확실하다면 다음으로 배의 위치를 정확히 알아야 한다. 그리고 배가 침몰했을 때의 기록을 면밀히 분석해 해류, 바람, 수온, 바다의 깊이, 해저 지형 같은 침몰 당시 바다 상태를 되도록 자세히 파악해야 한다. 배가 침몰할 당시 바람이 불고 해류가 강하고 바다가 깊었다면, 배는 사고가 난 위치에서 상당히 벗어나 가라앉아 있는 경우가 보통이다. 이를 충분히 감안하여 침몰한 보물선이 있는 대략의 위치를 정할 수 있다.

다음으로 배의 일부 또는 전체 모습이 담긴 사진을 모을 수 있는 한 많이 모아 살펴보고 눈에 익혀야 한다. 배가 물속에 어떻게 가라앉아 있는지 모르기 때문이다. 앞서 말한 타이태닉호의 보일러 사진이 그런 예이다. 이어서 수색할 장소를 결정해야 한다. 여기에는 인간이 저지를 수 있는 생각의 오류까지 짚어낼 수 있는 컴퓨터 프로그램이 필요하다. 예를 들어 목격자가 보물선의 침몰 지점이 "북동쪽으로 10킬로미터"라고 말해도 그 말이 얼마나 정확한지 알 수 없기 때문이다. 넓은 바다에서 위치를 눈으로 어림짐작하는 것은 오차가 크게 마련이다. 탐사를 하려면 바다 밑바닥을 두루 훑으며 사진을 찍을 수 있는 최첨단 장비가 필요하다. 보물을 끄집어내려면 물건을 잡을 로봇팔이 달린 잠수정도 있어야 한다. 잠수부가 들어갈 정도로 낮은 바다라면 노련한 잠수부도 필요하다. 만약 보물선이 크지 않고 가라앉은 곳이 얕다면 중국보물선처럼 전체를 건져 올릴 수도 있다.

아직도 발견되지 않은 보물선이 많다고?

자세히 알아보기

황금을 실은 채 가라앉아 인양되지 않은 배는 아직도 상당히 많을 것으로 추정한다. 그래서 보물선만 전문으로 찾아다니는 사람들이 있다. 이른바 '보물사냥꾼'이라 불리는 이들은 바닷속에 가라앉은 보물을 지금도 꽤 많이 찾아내고 있다.

예를 들어 제2차 세계대전 때 격침된 영국 순양함 에든버러(HMS Edinburgh)호에 실려 있던 금괴 5.5톤은 1981년 가을에 인양되었다. 이 배는 소련이 군수물자 대금으로 지불한 황금을 싣고 오다가 1942년 4월 북극 바렌츠 해에서 독일 잠수함의 공격으로 침몰했다.

또 1857년 당시 엄청난 황금 맥이 발견된 캘리포니아 주에서 채굴한 황금 덩어리를 싣고 뉴욕으로 가다가 침몰한 센트럴 아메리카(Central America)호는 1988년 사우스캐롤라이나 주 인근의 수심 1600미터가 넘는 바닷속에서 발견되었다. 이 배에서 금덩어리 933온스를 포함하여 금덩어리 수십 개와 금화 5000~7000개, 사금 덩어리를 포함해 1억 달러어치가 넘는 황금이 인양되었다.

제2차 세계대전 때 격침된 영국 순양함 에든버러호

2011년에도 바다에서 보물이 발견되었다. 제2차 세계대전 당시 독일 잠수함에 격침된 영국 화물선 개르소파(Gairsoppa)호이다. 아일랜드 남서쪽 483킬로미터, 수심 4700미터 해저에서 발견된 이 배에는 2013년 기준으로 시가 2800억 원 정도에 해당하는 은괴 200톤이 실려 있다.

또 이 배에서 185킬로미터 정도 떨어진 수심 2500미터 깊이에는 제1차 세계대전 중에 독일 잠수함에 격침된 만톨라(Mantola)호도 발견되었다. 이 배는 개르소파호를 탐사하는 과정에서 발견되었는데, 220억 원 정도에 해당하는 은괴 18톤이 실려 있었다. 이 배 2척을 발견한 회사는 미국의 오디세이 해양탐사 회사로, 회수한 은의 80퍼센트를 받기로 하고 영국 정부와 계약을 했다. 은을 회수하는 과정은 엄청난 경비가 들고 위험 부담이 크지만 그만큼 수입도 크다.

7장

북극과 남극의 바다

북극의 바다

북극은 유라시아 대륙과 북아메리카 대륙으로 둘러싸인 거대한 바다이다. 바다 가운데 스발바르 제도, 그린란드, 퀸엘리자베스 제도 같은 섬들이 있다. 북극해는 시베리아 연안을 따라서 아주 먼 곳까지 대륙붕이 발달하였으며, 중부 시베리아에서는 1500킬로미터까지 대륙붕이다. 북극해의 면적은 전 세계 바다의 2.6퍼센트를 차지하지만, 물의 양은 전 세계 바닷물의 1퍼센트도 되지 않는다. 대륙에서 흘러드는 강물의 10퍼센트 정도는 북극해로 들어간다. 예를 들어 아시아 대륙에서는 레나 강, 오비 강, 예니세이 강 같은 큰 강이 흘러들며, 북아메리카 대륙에서는 맥켄지 강이 흘러든다. 그 결과 북극해의 염분은 25~26psu(psu는 염분 단위)로 다른 바다보다 아주 낮다.

북극해에서 해빙(海氷)은 해류와 바람을 따라 움직이다가 갈라지고 부

북극해에 있는 노르웨이령 스발바르 제도 부근의 빙하가 녹고 있다.

딪치며, 다시 얼기도 한다. 부딪친 곳에는 길고 불규칙한 선이 만들어지는데, 이 때문에 북극의 얼음 바다 표면이 평탄하기보다는 주로 우둘투둘하고 불규칙한 긴 선이 있다.

북극에는 바다도 많아 그린란드부터 동쪽으로 그린란드 해, 노르웨이 해, 바렌츠 해가 있다. 서시베리아 북쪽부터 동쪽으로 있는 바다는 카라

해, 랍테브 해, 동시베리아 해이다. 베링 해 북쪽에는 척치 해가 있으며, 캐나다 북서부와 알래스카 북동부에는 보퍼트 해가 있다.

북극 바다는 겨울에는 1~2미터 두께로 얼며, 여름에는 대륙 주변을 따라 약간 녹는다. 그런데 녹는 정도가 최근 들어 아주 커졌다. 예를 들어 1970년대 후반 이후 매년 5만 3900제곱킬로미터가 줄어들었고 이는 우리나라 반 정도의 얼음이 매년 줄어든 셈이다. 1년차 북극 해빙은 얼음에 염분이 있어 짜지만 염분은 시간이 가면서 빠져나가기 때문에 2년차 해빙에는 염분이 없으며 더 단단하다.

그린란드를 덮은 얼음은 해안으로 내려오기 전에 거의 다 녹아 해안까지 내려오는 경우는 거의 없다. 그러나 가끔 그린란드나 캐나다에 가까운 곳에서는 두께 50미터 정도의 상당히 큰 빙산이 만들어진다. 그 빙산은 윗면이 울퉁불퉁하고 불규칙해 남극의 빙산과는 다르다.

북극해의 해저에도 해저산맥과 해저분지, 해저평원 그리고 파쇄대도 있다. 파쇄대란 해저가 늘어나면서 갈라진 곳을 말한다. 북극해에서 가장 깊은 곳은 스발바르 제도 부근의 5122미터이다.

북극해는 앞서 말했듯이 대륙붕이 아주 넓다. 그 대륙붕에는 엄청난 양의 석유와 천연가스가 있는 것으로 알려졌다. 이것은 수천만 년 전, 북극해가 지금과 달리 따뜻했을 때 만들어진 석유와 천연가스를 말한다. 2010년을 기준으로 북극해의 연안에서는 석유가 세계 생산량의 10.5퍼센트를 차지할 정도로 생산되었고, 천연가스 또한 세계 생산량의 25.5퍼센트가 생산되었다. 미국지질조사소 보고서에 따르면, 석유의 경우 전 세계의 5년 소비량에 해당하는 1600억 배럴, 천연가스의 경우 전 세계 소비량의 10년

분인 47조 세제곱미터가 매장된 것으로 추정된다. 석유의 추정 매장량은 현재 가장 많은 매장량을 보유한 사우디아라비아의 매장량과 비슷하다. 참고로 현재 알래스카 북쪽 프루드호(Prudhoe) 만에서 개발되는 해저 석유 자원은 1968년에 발견되었다.

북극해가 대부분 얼어 있어 제대로 된 조사를 하지 못해서 그렇지, 만약 체계적으로 조사한다면 앞서 말한 화석연료 외에도 사금이나 사철, 중사 같은 해저 퇴적 광물 자원도 꽤 많은 양이 발견될 것이다. 북극해는 겨울에는 해안까지 얼고 여름에만 해안이 녹으므로 북극의 자원을 개발하고 연구하려면 쇄빙선이 필요하다. 또한 얼음 바다에 대해 잘 알아야 하고 항해 경험도 있어야 한다.

북극 대륙붕의 많은 부분이 러시아에 속하며 공해(公海)는 그리 넓지 않다. 이런 점에서 러시아는 해저 자원 개발에서 아주 유리하다. 러시아 정부는 2011년 초 영국 석유 회사와 북극 대륙붕의 석유 자원 개발에 합의했다. 두 나라가 개발할 지역에 원유 50억 톤, 천연가스 10조 세제곱미터가 매장된 것으로 추정된다.

북극에서의 인간 활동

오래전 북동아시아에서 북극으로 이주한 북극 원주민 이누이트들은 북극의 동물을 사냥하면서 살아갔다. 그들은 사냥한 고래나 물범의 가죽과 고기, 뼈와 기름을 자원으로 사용했다. 가죽으로는 옷이나 천막, 보트를 만들었고, 뼈를 조각해서 공예품으로 팔기도 했다.

북극 원주민뿐 아니라 유럽 사람들도 북극의 동물을 사냥했다. 고래는 버릴 게 하나도 없는 좋은 사냥감이었다. 고래 고기는 고단백질이고, 지방은 기름의 원료이며, 수염은 여성 의류를 만들 때 필요했으며, 뼈에서는 기름이 나오고, 기름으로는 불을 밝히고 의약품과 생활용품도 만들었다. 사람들이 모피를 찾게 되면서부터는 북극의 수많은 바다사자와 물범, 여우 등이 사냥꾼들에게 희생 되었다.

북유럽 사람들은 북아메리카나 유라시아 쪽 북극해를 지나 아시아로 가려고 했다. 북아메리카의 북쪽을 따라 북서쪽으로 가는 길이 북서항로이고, 유라시아 대륙의 북쪽 연안을 따라 유럽과 시베리아를 지나가는 길이 북동항로이다. 19세기 후반 스웨덴 탐험가 닐스 노르덴셸드(Nils A. E. Nordenskjold, 1832~1901)가 1878~1880년 북동항로를 지나갔고, 로알 아문센(Roald Amundsen, 1872~1928)은 남극점을 정복하기 전인 1903~1906년에 처음으로 북서항로를 항해했다. 북극점도 탐험 대상이 되어 미국의 로버트 피어리(Robert E. Peary, 1856~1920)와 매튜 헨슨(Matthew A. Henson, 1866~1955)이 1909년 4월 6일 북극점에 가장 먼저 도달했다.

20세기 후반에 들어 북극 얼음이 빠른 속도로 녹으면서 2005년에 북동항로가 열린 것을 인공위성으로 알았다. 북서항로는 2007년에 열렸으며, 2008년 여름에는 두 항로 모두 열렸다. 그러자 2009년 7월 23일 울산을 떠난 독일 국적의 프래터너티호(1만 2700톤)와 포어사이트호(9600톤) 2척이 러시아 쇄빙선의 안내를 받아 북동항로를 지나 9월 16일 대서양에 들어선 다음 로테르담으로 갔다. 북동항로는 울산에서 동남아시아·인도양·수에즈 운하·지중해를 거쳐 로테르담으로 가는 거리에 비해 60퍼센트 정도로 짧다. 짧아진 거리는 7400킬로미터나 되고 당연히 비용도 절약된다.

항로가 짧아지면 운반비가 적게 들어 물가가 낮아질 수 있지만 반대로 운송업자는 운반비 수입이 줄어들기 때문에 항로가 짧아진다는 게 모든 사람에게 반가운 일만은 아니다. 또 북동항로의 대부분은 러시아 영해를 지나가므로 어떤 명분으로든지 러시아 정부가 개입할 것이다. 그렇게 되면 운반비의 상당 부분은 러시아의 수입이 된다.

북극해 항로를 이용하면 발생하는 또 다른 문제점이 있다. 지금은 유럽까지 가는 화물선이 싱가포르에 화물을 내려놓고 다른 짐을 싣고, 또 인도에 내려놓고 다른 짐을 싣는 식으로 이곳저곳에 짐을 많이 운반할 수 있다. 그러나 북극항로를 이용하면 그렇게 할 수 없다. 또한 현재 유럽 항로를 오가는 화물선은 화물 적재량 18만 톤이 기본이며 그보다 큰 것도 많다. 그러나 러시아 본토와 노바야젬랴 섬 사이의 해협은 아주 얕아 6만 톤이 넘는 큰 배가 지나가기는 힘들다. 그런 점에서 본다면 북극항로가 꼭 유리한 것만은 아니다.

북극해는 러시아, 캐나다, 미국, 노르웨이 덴마크의 영유권 지역이다. 과거에는 덴마크 영토였으나 2009년 독립한 그린란드도 앞으로 북극해의 영유권을 행사할 것이다. 현재 그린란드는 예산과 정책 면에서 덴마크의 지원을 받고 있다. 원주민이 약 6만 명 정도인 그린란드는 면적이 217만 5600제곱킬로미터로 한반도의 약 10배에 가까우며, 바닷가를 따라서 얼음이 녹아 땅이 드러난다.

북극 열전

자세히 알아보기

북극해에 접한 나라들은 북극에서 자국의 위력을 과시했다. 예를 들어 미국은 1958년 최초의 원자력 잠수함인 노틸러스(USS Nautilus)호가 북극점으로 잠항했으며, 다음 해에는 원자력 잠수함 스케이트(USS Skate)호가 북극점에서 얼음을 깨고 물 위로 솟아올랐다.

일찍이 쇄빙선을 만들었고 북극해에 해양 영토를 가진 러시아도 비슷한 행동을 취했다. 러시아는 1977년 8월 17일 원자력 쇄빙선 아크티카(Arktika)호가 얼음을 깨고 북극점에 인류 역사상 가장 먼저 도달했다. 21세기 들어서도 북극에 대한 관심은 줄어들지 않아 2007년 8월 2일 심해유인잠수정 미르호를 이용해 북극점 깊이 4261미터 해저에 러시아 국기를 꽂았다. 이렇게 한다고 해서 북극점이 그들의 땅이 되는 것은 아니지만 나라의 위세를 전 세계에 과시한 것이다. 러시아는 쇄빙 능력이 3미터에 이르는 세계 최고의 쇄빙선을 2017년에 취항하기 위해 2012년에 건조비 17억 달러에 건조 계약을 했다. 하지만 석유값이 떨어져서 계획대로 취항하기는 어려울 것이다. 러시아에는 현재도 쇄빙 능력 2.8미터로 세계 최고의 쇄빙선인 승전 50주년호가 있다.

2011년 들어 미국은 북극에서 핵잠수함이 참가한 훈련을, 러시아는 북극에 주둔할 군대를 창설하고, 캐나다는 가장 북쪽에 있는 섬에서 군사 훈련을 했다. 노르웨이는 최초로 군사령부를 북극권 북쪽으로 이동시켰으며, 덴마크도 군사 계획을 준비 중이다. 추운 북극에서 뜨거운 경쟁에 앞서 힘자랑을 하는 것이다.

북극의 환경 변화

북극 얼음은 북극 해양 생태계에서 매우 중요하다. 북극 생물이 얼음 아래나 크고 작은 구멍이 있는 얼음 속에서 살기 때문이다. 많은 식물플랑크톤과 동물플랑크톤, 절지동물이 얼음에서 산다. 봄에 햇빛이 얼음을 투과하면 식물플랑크톤이 폭발하듯이 번성한다. 엄청나게 늘어난 식물플랑크톤이 얕은 바다 바닥으로 가라앉으면 조개, 불가사리, 북극대구, 물범, 바다코끼리에 이어 최상위 포식자인 북극곰까지 먹이망이 만들어진다.

최근 지구가 더워지면서 북극해에도 영향이 나타나기 시작했다. 그 가운데 하나가 바로 북극 얼음이 빨리 녹기 시작한다는 사실이다. 실제로 1979년 9월 인공위성으로 처음 촬영한 북극의 얼음은 해마다 줄어들어 2007년에는 1979년 대비 반이 채 되지 않을 정도이다. 얼음 면적이 413만 제곱킬로미터로, 이는 지금까지 가장 작은 수치이다. 바다를 덮은 얼음의 부피도 줄어 2010년의 얼음은 1980년 얼음의 3분의 2 정도에 지나지 않는다. 북극 얼음이 이런 속도로 계속 줄어들 경우 빠르면 2030년이나 2040년이면 완전히 사라질 것으로 예상된다. 또한 현재처럼 온실가스를 뿜어내면 지구 기온이 2050년대 중반에는 4도 정도 오르게 되고, 이 가운데 북극이 가장 크게 올라 15도 이상 오를 것이라는 연구 결과도 있다.

북극 얼음이 녹으면 북극해로 민물이 많이 흘러들어 바닷물의 염분이 낮아진다. 얼음이 녹는 것을 포함한 환경 변화는 대기와 해류의 순환과 바다 생물에도 영향을 미쳐 생물의 분포를 바꾸고 인간의 활동에도 영향을 미칠 것이다. 실제로 해류가 바뀌고 수온과 염분, 영양염류 같은 해양 환경

요인이 달라지면 식물플랑크톤을 비롯하여 동물플랑크톤의 종류나 생활사가 달라진다. 그러면 그들을 먹고 사는 작은 어류와 무척추동물, 척추동물을 비롯한 북극 해양생물의 먹이망 전체가 달라지고 생태계가 바뀐다.

북극은 바다와 주변 육지를 포함하여 지구가 더워지는 현상이 가장 뚜렷이 나타나는 곳이다. 이러한 이유로 러시아는 1940년대부터 얼어붙은 북극에 연구기지를 세우고 기상과 바다를 연구했다. 해빙의 두께는 보통 수 미터 이상이어서 해빙 위에서 북극해를 떠돌면서 몇 달 또는 1~2년 동안 연구할 수도 있다.

북극이 더워져 땅 위의 얼음과 눈이 녹으면서 다량의 메탄가스가 공기 중으로 방출되어 기온이 더 빨리 올라간다. 그러면 땅은 더 빨리 녹고 메탄가스가 더 나오게 된다. 이처럼 악순환이 점점 계속된다.

북극 얼음이 지금처럼 빠른 속도로 녹는다면 극지방에서 사는 생물에 어떤 일이 일어날까? 땅이 드러나면 이끼류나 지의류 등의 식물이 자라게 될 것이다. 그러면 이를 먹이로 하는 순록을 포함한 초식 동물의 개체수가 늘어날 것이다. 반면 북극해는 땅과는 다를 것이다. 북극해 대부분은 얼음 1.8미터에 눈 20센티미터로 덮여 있다. 얼음에서 자라는 조류는 이런 환경에 적응해 생장하는데, 기후가 변해 눈이 두꺼워지거나 얇아지면 조류의 생장이 달라질 것이다. 만약 얼음에 사는 조류가 적어지면 이를 먹고 사는 동물플랑크톤이 적어지고, 당연히 물고기와 물범이 줄어들고 고래와 북극곰도 줄어든다.

북극 얼음이 없어지면 주로 얼음 위에서 물범 같은 먹이를 찾는 북극곰이 가장 큰 어려움에 처하게 된다. 북극곰의 먹이가 줄어들고, 먹이를 찾아 헤엄치다가 위로 올라설 곳이 없어지기 때문이다. 북극곰이 얼음 위로 올라가지 못하면 때로 물에 빠져 죽기도 한다. 실제로 북극 생물학자들은 2004년 9월 알래스카·캐나다 북쪽 보퍼트 해에서 폭풍이 몰아친 후 바닷물에 떠 있는 북극곰 사체 4구를 목격했다. 북극곰은 헤엄을 아주 잘 치지만 얼음이 없는 바다를 무한정 헤엄칠 수는 없다. 북극곰을 오래 관찰한 사람들의 말로는 최근 들어 북극곰의 몸집이 과거에 비해 크지 않다고 한다. 수척해진 북극곰이 많아졌으며 암곰은 새끼를 덜 낳는다고 한다. 동면을 하지 않는 북극곰은 봄과 이른 여름, 바다 얼음이 녹기 전에 먹이를 많이 먹어 두고 얼음이 녹으면 땅으로 올라온다.

북극의 기온이 올라가서 얼음이 줄어들면 북극곰도 살기 어려워지지만, 얼음 위에서 새끼를 낳는 물범에게도 좋지 않다. 이러한 사정은 북극에서만 사는 바다코끼리도 마찬가지다. 바다코끼리의 생태와 습성을 잘 아는 이누이트의 말에 따르면, 바다코끼리는 먹이를 잡다가 주로 얼음 위에서 쉬는데 만약 얼음이 없어져서 얼음보다 온도가 높은 땅으로 올라오면 살아남기 힘들다. 현재 북극곰은 2만에서 2만 5000마리 정도가 서식하고 있는 것으로 추정된다. 러시아와 미국은 북극곰을 보호하기 위해 여러 가지 보호책을 마련하고 있다.

캐나다 인근 북극해에는 흰고래(벨루가)가 15만 마리가 있고, 앞니 1개가 길게 뻗은 외뿔고래(일각고래)는 6~7만 마리가 살고 있는 것으로 알려져 있다. 흰고래는 수심 400~800미터까지 잠수하며 외뿔고래는 1500미터까지 잠수한다. 이들은 가자미와 오징어를 먹으며, 범고래의 먹이가 된다. 1990년대 초에 흰고래의 몸(간, 신장, 피)에 수은이 쌓여 있음이 밝혀졌다.

수은은 동물플랑크톤과 대구와 같은 물고기에서도 발견되었다. 사람들이 사는 곳과 아주 멀리 떨어진 북극에 사는 생물의 몸에 수은이 축적되어 있다니 놀랄 만한 일이었다. 도대체 수은은 어디서 왔을까? 지구온난화로 동토의 얼음이 녹으면서 수은이 동토에서 흘러나온 것으로 생각된다. 수은은 사람에게 질병을 일으키는 유독 물질이다. 그러니 흰고래 고기를 먹는 이누이트 몸속에 수은이 쌓여 좋을 것이 없다. 북극곰도 흰고래를 먹이로 하므로 수은에 중독될 위험이 있다.

북극해의 수온이 올라가면 식물플랑크톤을 비롯하여 생물 조성이 바뀌고 생태계도 달라질 것이다. 물고기 종도 바뀌어 찬물에 사는 물고기는 줄어들고, 남쪽 바다에서 사는 종이 늘어나게 될 것이다.

자세히 알아보기

이누이트 전통 문화의 위기

지구가 더워지면서 북극 원주민의 습관과 문화가 사라지고 있다. 과거 원주민은 주로 고래를 사냥해 고기를 나누어 먹었다. 커다란 고래를 잡으면 온 동네 사람들이 모여서 고래 껍질을 벗기고 지방층을 나누었다. 그러나 이제는 그럴 기회가 많이 줄어들었다. 물범을 잡기 위해 점점 더 멀고 위험한 곳으로 나가야 하고, 이에 사냥 시간이 늘어나 사냥 횟수가 줄어들거나 아예 사냥을 포기하는 원주민들이 많아졌다. 이 때문에 원주민의 생활 방식과 전통이 사라지고 있다. 이처럼 지구의 환경 변화는 인간의 삶을 바꾸어 놓는다.

남극의 바다

한반도의 62배, 중국의 1.4배, 유럽이나 오스트레일리아보다 더 큰 남극대륙을 둘러싼 바다는 남극해이다. 남빙양 또는 남대양이라고도 한다. 남극해를 덮은 얼음은 북극해의 우둘투둘한 해빙과 달리 아주 평탄하다. 책상을 닮은 크고 작은 빙산들이 떠 있다. 빙산의 두께는 200~300미터에 이른다.

바닷물이 얼 때는 순수한 물만 얼기 때문에 얼음 주위의 물은 염분이 높아지고 무거워져 가라앉는다. 가라앉은 찬 남극 바닷물은 해저지형을 따라 바다 깊은 곳을 흘러 천천히 북쪽으로 올라가 적도 북쪽까지 간다. 남극해의 해류는 시계 방향으로 쉬지 않고 흐르면서 차단막 역할을 해서 저위도에서 오는 해류가 남극대륙 쪽으로 들어가지를 못한다. 북반구에서 멕시코만의 따뜻한 물이 북대서양으로 올라가는 것과는 다르다.

남극해 해저에는 엄청난 양의 화석연료가 매장되어 것으로 추정된다. 남극점을 중심으로 한 남극대륙은 2억 년 전에는 아프리카와 인도, 남아메리카, 오스트레일리아와 같이 곤드와나 대륙의 일부였으므로 여느 대륙처럼 석유와 석탄 같은 지하자원이 있다.

남반구 겨울에는 남극대륙과 가까운 곳은 얼음이 두께 1미터 정도로 얼며, 여름에는 녹지만 지역에 따라 녹지 않고 남는 경우도 있다. 겨울 동안 남극해가 결빙되면 해빙 면적은 2000만 제곱킬로미터가 되어 남극대륙보다 더 넓어지며, 여름에는 해빙이 녹아 400만 제곱킬로미터로 줄어든다.

남극 해빙에는 얼음에서 자라는 조류가 있다. 이 조류 때문에 남극 해빙은 북극 해빙보다 약하다. 남극 해빙은 대개 만들어진 바다에 녹아버리지만, 장소에 따라서는 수년간 녹지 않고 해빙 위에 눈이 쌓여 더 두꺼워진다.

항해하는 배는 남극해에 떠 있는 빙산이나 유빙을 레이더나 눈으로 주의 깊게 감시해야 한다. 레이더에도 잡히고 눈에 보이는 얼음은 피할 수 있지만, 문제는 레이더에도 잡히지 않고 눈으로 확인되지 않는 얼음이다. 수면과 평행하고 투명한 얼음을 찾아내기는 쉽지 않다. 얼음이 물 위로 나타나는 비율은 5분의 1 정도로, 물 위로 20센티미터 올라온 얼음은 물속으로 80센티미터 정도가 더 있다. 이런 얼음 조각은 작은 관광선이나 어선에게 큰 위험 요인이 된다.

자세히 알아보기

쇄빙선이라고 해서 안심하면 안 돼

쇄빙선이 얼음을 깰 수 있고 내빙선이 얼음에 견딘다고 해서 남극해에서 마음을 놓아서는 안 된다. 남극해에서는 얼음도 위험하지만 해도(海圖)가 완전하지 않아 암초가 더 위험하기 때문이다. 레이더에서 암초를 유빙으로 착각할 수도 있기 때문에 유빙처럼 보이더라도 조심해야 한다. 레이더는 해수면 위에 있는 물체를 인식하는 장비로, 파도나 얼음 덩어리나 바위가 똑같게 보인다.

남극에서의 인간 활동

1819년 남극대륙이 발견된 이래 가장 먼저 찾아온 사람들은 물개 사냥꾼이었다. 이들이 남극 물개를 너무 많이 잡는 바람에 개체수가 갑자기 줄어들었고, 이 때문에 관련 산업도 함께 망했다. 그러다가 물개 수가 다시 늘어 19세기 후반부터 약 10년간 부흥했지만 곧 다시 쇠퇴했다. 기름이 많은 코끼리물범도 몇 년간 계속 포획되었다.

그 후 남극해는 고래잡이들로 북적였다. 1850년대 미국에서 발견된 석유가 동물의 기름을 대체할 때까지 남극해에서는 엄청난 수의 고래가 잡혔다. 더구나 고래를 잡는 기술과 처리하는 공장선이 도입되면서 몸집이 큰 대왕고래와 참고래, 혹등고래, 향유고래의 수는 급격히 줄어들었다. 결국 고래를 잡는 나라들은 국제포경조약에 따라 1986년부터 연구 목적을 제외한 일체의 고래잡이를 중지하기로 결의했다. 그 결과 25년 정도가 지난 지금 몸집이 작은 밍크고래의 수는 70만 마리 정도로 늘어났지만 대왕고래처럼 몸집이 큰 고래는 아직도 예전만큼 회복하지 못했다.

1960년대부터 남극해에서 크릴을 잡기 시작했는데, 우리나라는 1978~1979년부터 잡기 시작했다. 고래를 보호하자면서 고래의 먹이인 크릴을 잡는 게 맞지 않는 것처럼 보이지만, 크릴이 워낙 많아 큰 문제가 되지는 않는다. 1990년대부터는 깊은 바다에서 사는 크기 1미터가 넘는 파타고니아 이빨고기를 잡기 시작했다. 현재 우리나라를 비롯하여 노르웨이, 일본, 프랑스, 영국, 러시아가 남극해에서 크릴이나 이빨고기를 비롯한 물고기를 어획하고 있다.

석유를 비롯하여 남극대륙과 남극해에 있는 지하자원은 남극의 자연 환경이 너무 가혹해 경제성이 없는 것으로 알려졌다. 게다가 환경 보호를 위해 남극을 연구하는 나라는 남극에 있는 모든 지하자원을 개발하지 않기로 결정했다. 아무튼 남극의 자연 환경은 거의 알려지지 않았고, 남극이 다른 대륙에 미치는 영향이 크다는 사실만으로도 남극을 연구할 가치는 충분하다.

비행기를 이용하기도 하지만 주로 관광선을 이용하는 남극 관광은 앞으로 수요가 늘어날 것이다. 생활의 여유가 있는 사람들은 평소에 가보기 힘든 남극 관광을 좋아하기 때문이다. 남극 관광선 대부분이 출발하는 아르헨티나 우수아이아나 칠레 푼타아레나스는 남반구 여름이 되면 수많은 관광객들로 북적거린다. 2008/09년에만 남반구 여름에 4만 6000명 정도의 관광객이 남극을 구경했으며 이 숫자는 계속 늘어날 전망이다.

남극 관광선 익스플로러호가 2007년 11월 남극해에서 얼음에 부딪쳐 침몰하는 사고가 있었지만 다행히 인명 피해는 없었다.

남극 환경의 변화

지구가 더워지면 남극의 바다와 땅도 더워진다. 지구가 더워지는 현상이 가장 뚜렷하게 나타나는 곳이 남극 중에서도 남극 반도이다. 남극 반도는 남아메리카 끝에서 남쪽으로 내려가면서 가장 먼저 만나는 남극대륙이다. 남극대륙은 가오리 모양을 닮았는데, S자 모양의 가오리 꼬리처럼 보이는 곳이 남극 반도이다. 남극 반도에서도 온난현상이 뚜렷한 곳은 북쪽과 남쪽이다. 기온이 올라가면서 바다를 덮은 두꺼운 얼음판이 깨지고 빙벽이 후퇴한다.

남극 반도 서쪽에 있는 워디(Wordie) 빙붕(氷棚)은 1980년대에 사라졌다. 빙붕이란 대륙에서 흘러내려 바다를 덮는 두꺼운 얼음판을 말한다. 두께는 얇으면 250~300미터, 두꺼우면 900미터나 된다.

2000년대 들어서 남극 반도 동쪽의 큰 빙붕이 깨졌다. 최근 연구 결과에 따르면, 200개가 넘는 남극 반도 일대의 크고 작은 빙벽과 빙하 수십 개가 녹고 후퇴하고 있다. 또 1911년 남극점을 정복할 때 아문센이 타고 온 배가 머물렀던 로스 빙붕의 고래만도 깨져 지도가 달라졌다. 빙붕이 깨지면 빙붕의 면적과 남극대륙의 면적이 줄어든다. 물론 기온이 올라가면서 땅은 점점 많이 드러난다.

남극대륙을 둘러싼 얼음이 녹으면 남극에 사는 동물의 수가 변하거나 사는 곳이 달라진다. 남극에서도 황제펭귄이나 아델리펭귄처럼 추운 곳에 사는 동물이 줄어드는 반면, 턱끈펭귄이나 남극물개처럼 덜 추운 곳에서 사는 동물은 늘어날 가능성이 높다.

예를 들어 2011년 여름, 남극 반도의 서쪽에 있는 단 한 곳의 황제펭귄 군서지에 펭귄이 한 마리도 없다는 보도가 있었다. 그 군서지는 1948년에 발견되었을 때 황제펭귄이 수백 마리 있었으나 2000년대 들어 많이 줄어들었고 마침내 완전히 없어졌다.

해빙이 줄어들면 해빙 아래서 자라는 해조류를 먹고 사는 크릴이 줄어들어 펭귄의 먹이가 부족해질 가능성이 있는 반면, 살파와 해파리 같은 생

남극에서만 서식하는 황제펭귄

물은 늘어난다. 살파는 멍게처럼 몸이 주머니처럼 생긴 피낭동물이다.

펭귄을 포함한 모든 동물은 먹이가 줄어들면 자연히 숫자가 줄어든다. 날씨가 더워져 강우량이 증가하면 눈이나 비에 새끼 펭귄의 솜털이 젖으면서 얼어 죽을 가능성이 높아진다.

8장

미래의 바다

우리에게 바다란 무엇인가

바다는 사람을 비롯한 모든 생물체에게 정말 고마운 존재이다. 38~35억 년 전 최초의 생명체가 나타난 곳도 바다였고, 이후로도 바다는 무수한 생명을 키웠으며 지금도 인류에게 식량을 공급한다. 또한 바다는 인류의 중요한 교통로가 되어 바닷가에 자리를 잡은 민족은 배를 만들어 바다를 오가면서 물물교환을 했다. 일찍 바다에 눈을 뜬 몇몇 나라는 대양을 돌아다니다가 주인이 없는 섬과 땅을 발견해 차지하기도 했다.

이 밖에도 바다의 역할은 아주 많다. 차가운 바닷물은 따뜻한 곳으로 흘러가고, 더운 바닷물은 찬 곳으로 흘러가 지구의 기후를 조절한다. 또 바닷물이 증발해 비가 되어 땅 위로 떨어지면서 모든 생명을 살리는 물을 공급한다. 그뿐만 아니라 공기 중에 있는 이산화탄소를 엄청나게 많이 녹여(공기 속에 있는 이산화탄소의 60배 이상 녹아 있다), 지구가 너무 뜨거워지지 않도록 조절하는 구실도 한다. 이를 보면 바다는 단순히 출렁이는 물이 아니라 살아 움직이는 생명체이다. 바다는 우리가 앞으로 수백 년간 연구해도 다 알지 못할 정도로 광대하고 깊다.

앞으로 인류 사회가 해결해야 할 커다란 문제는 식량, 에너지, 지하자원, 물, 환경이다. 이 5가지를 문제를 잘 풀어낸다면 인류는 살아남을 수 있다. 하지만 이 가운데 어떤 것이라도 제대로 대처하지 못한다면 상황은 달라진다. 다행히 바다는 이 5가지 문제를 모두 해결할 수 있다. 그런 점에서도 바다는 우리에게 아주 중요하고 소중한 곳이다.

바다는 귀중한 식량의 보고

미래의 바다는 어떨까? 무엇보다 바다는 미래의 중요한 식량 공급지이다. 유엔식량농업기구(FAO)에 따르면 수산물 생산량은 이미 1989년에 1억 톤을 넘어섰으며, 지금도 점점 증가 추세에 있다. 2005년 해조류를 합쳐서 전 세계 수산물 생산량은 어획 9460만 톤에 양식 6290만 톤을 합쳐서 1억 5750만 톤이었다.

2011년 70억 명이 된 세계 인구는 앞으로도 계속해서 증가해, 2024년에는 80억 명이 되고 2045년에는 90억 명에 이를 것으로 예상된다. 인구가 늘면서 더 많이 필요한 식량의 상당 부분을 농산물이 책임지겠지만, 바다 역시 지금보다 더 많은 식량을 공급해야 한다. 그러면 바다에서 어떻게 더 많은 해산물을 얻을 수 있을까?

출하를 기다리는 양식장의 은연어. 바다는 귀중한 식량 자원의 보고이다.

여러 방법이 있지만 그중 하나가 물고기를 직접 키우는 방법이다. 현재도 연어, 우럭, 방어, 광어, 돔, 참치처럼 상당히 많은 물고기를 양식한다. 양식 기술을 발전시키고 시설을 확장하면 더 많이 생산할 수 있다. 또한 지금까지 양식이 불가능했던 물고기도 양식할 수 있게 될 것이다. 양식이 잘되면 앞으로는 물고기를 잡는 시대가 아니라 '키우는 시대'가 될 것이다. 현재 일본의 양식 기술은 단순히 물고기를 가두어서 키우는 방법을 넘어 일정한 해역에 흩어진 물고기를 훈련시킬 정도로 발달했다. 물고기에 먹이를 주기 전에 일정한 신호음을 보내 물고기를 불러 모으기도 한다. 이른바 해양목장이다. 물론 여기에 최근 빠르게 발전한 생명공학 기술을 더하면 작은 물고기도 크게 만들고 병에 강한 물고기도 개발할 수 있을 것이다.

물고기 외에도 새우나 굴, 조개의 생산량도 늘릴 수 있다. 김, 다시마처럼 현재 양식하는 해조류도 마찬가지다. 아직까지는 우리나라와 일본 정도만이 해조류를 먹고 있어 해조류가 인류의 주요 식품은 아니지만, 언젠가는 서양 사람들도 해조류의 참맛을 알고 찾게 될 것이다. 칠레 사람들의 경우에는 해조류를 먹지는 않지만 오래 끓여 음식의 맛을 내는 데 쓰기도 한다. 또한 꼬차유요(Cochayuyo)라는 손가락 굵기로 말린 해조류와 루체(Luche)라는 해조류의 일종을 판다. 루체는 우리나라의 김과 같은 종인데, 음식의 맛을 낼 때 물에 젖은 채로 끓이는 것으로 보아 우리처럼 말려서 구워 먹을 줄은 모르는 것 같다. 이 밖에 프랑스 사람들도 해조류를 먹지는 않지만 끓여서 음식의 맛을 내는 데 쓴다.

해산물 생산을 늘리는 또 하나의 방법은 지금은 잘 먹지 않는 해산물을 찾아내 식용으로 하는 것이다. 그 가운데 하나가 바로 남빙양에 있는 크릴과 물고기다. 우리나라는 1978~1979년부터 크릴을 잡기 시작했고, 이후 중단했다가 1990년대 후반부터 다시 잡기 시작했다. 맛이 좋은 파타고니아이빨고기를 잡기 시작했으며, 2000년대 들어서는 남극빙어도 잡기 시작했다.

현재 일부 나라에서는 새우를 닮은 크릴을 식용으로 쓰기도 하지만 크릴 대부분은 주로 동물의 사료나 낚시 미끼로 쓴다. 이는 사람이 크릴을 먹지 못해서가 아니라 크릴 말고도 먹을 것이 많기 때문이다. 크릴에는 불소가 많고 특유한 냄새가 나는데, 이런 문제점만 해결한다면 미래의 좋은 식량 자원이 될 것이다.

그러나 남극의 생물을 너무 많이 잡으면 안 된다. 아직 우리가 남극에

미래의 식량으로 기대를 모으고 있는 크릴.

있는 해양생물의 자원량과 생태를 잘 모르기 때문이다. 예를 들어 이빨고기처럼 깊은 바다에 사는 생물은 천천히 자라고 오랜 시간 자라서야 알을 낳으며 오래 사는 것으로 알려져 있다. 이처럼 남극의 생태를 잘 모르는 채로 너무 많이 잡으면 종이 멸종될 수도 있다.

최근에는 짠물에서도 잘 크는 식물을 연구한다. 만약 그런 식물이 개발된다면 바닷가 근처에 사막이 있는 남아프리카공화국이나 나미비아 같은 아프리카 대륙의 해안 지방처럼 건조한 곳에서 재배해볼 만하다. 사람이 먹을 수도 있고, 동물의 사료로 쓰거나 사람에게 필요한 성분, 예를 들어 식물성 지방 등을 뽑아낼 수도 있기 때문이다.

만약 바닷물을 끌어들여 농사를 지을 수 있다면 분명 혁명이 될 것이다. 현재 미국, 멕시코, 아랍의 몇몇 나라에서는 그런 실험을 하고 있다. 만약 실험이 성공한다면 바닷가와 내륙에서 사막처럼 버려둔 땅의 15퍼센트 정도를 경작지로 바꿀 수 있다. 앞으로는 곡물을 재배할 땅이 없는 것도 문제지만 물이 점점 모자란다는 것도 큰 문제인데, 바닷물로 농사를 지을 수 있다면 일석이조가 될 전망이다.

⚓ 바다는 미래의 주요한 에너지원

조력 발전은 바다에서 만들 수 있는 에너지다. 바다에는 이것 말고도 또 다른 에너지가 있다. 그 가운데 하나가 바로 파도의 힘을 이용하는 파력 발전이다. 끊임없이 오르내리는 파도를 이용하여 압축 공기를 뿜어내 발전기를 돌리는 것이 바로 파력 발전의 원리이다.

아직 큰 규모로 파력 발전을 하기는 어렵지만 작은 규모의 파력 발전은 이미 활용 중이다. 예를 들어 영국에서는 파력 발전으로 작은 마을에 전기를 공급하고, 일본에서는 등대의 불을 켠다. 최근 포르투갈도 파력 발전을 작은 규모로 시험 삼아 했다.

바다 표면과 깊은 곳의 온도 차이를 이용해 전기를 생산하는 이른바 온도차 발전도 있다. 바다 표면 가까운 곳의 따뜻한 물로 기체를 증발시켜 그 힘으로 발전기를 돌리는 것인데, 그 기체를 쓴 다음에는 바다 깊은 곳의 찬물을 이용해 액체로 바꾼다. 그러므로 온도차 발전에 쓰는 기체는 그다지 높지 않은 수면 온도에서도 잘 증발해야 하고, 그다지 낮지 않은 바다 밑 온도에서도 액체로 바뀌어야 한다. 암모니아 가스가 이에 적당한

끊임없이 밀려오는 파도를 이용하면 발전을 할 수 있다. 파도는 미래의 깨끗한 에너지원으로 중요하게 대우받을 것이다.

기체이다.

온도차 발전을 하기 위해서는 깊은 곳과 수면 가까운 곳의 바닷물 온도 차이가 적어도 20도는 돼야 한다. 그 정도 차이가 나야 기체가 압축되기 때문이다. 기체를 바닷속으로 보내는 작업에도 에너지가 필요하다. 현재 온도차 발전으로 전기를 실제로 만드는 곳은 없다. 단지 하와이 섬에서 온도차 발전을 실험하고 있는 정도이다.

바다에서 부는 바람으로도 전력을 생산할 수 있다. 영국은 2050년까지 해상 풍력 발전으로 일자리 23만 개를 새로 만들 계획이다. 우리나라도 풍력 발전을 시작하고 있다.

⚓ 바다에서 개발할 수 있는 미래의 지하자원

바닷물에는 소금과 마그네슘과 붕소가 엄청나게 녹아 있다. 또 리튬과 우라늄과 바나듐도 뽑아낼 수 있다. 우라늄은 바닷물 100만 톤에 3.2킬로그램이 녹아 있어 바다 전체로 보면 42억 3000만 톤이 녹아 있다. 그러나 우라늄을 바닷물에서 추출하려면 비용이 많이 든다. 추출 비용은 광산에서 채광되는 우라늄 가격의 2배 정도이다. 추출 비용을 줄이는 방법을 찾는 것이 무엇보다 필요하다.

일본은 바닷물 100만 톤에 2.5킬로그램이 녹아 있는 바나듐 추출을 시도하려 한다. 덧붙이면 바닷물 100만 톤에는 알루미늄과 구리, 철이 각각 2킬로그램씩 녹아 있어, 대양 전체에는 이 금속들이 각각 26억 4000만 톤이 녹아 있다.

현재는 필요한 금속자원의 대부분을 육지에서 캐낸다. 그러나 육지 자원은 점차 고갈되고 있다. 따라서 바닷물에서 금속을 뽑아내는 기술이 발달한다면 언젠가는 바다에서도 상당량의 금속을 추출할 수 있을 것으로 기대된다.

깊은 바다에는 여러 가지 금속으로 이루어진 광물 덩어리가 흩어져 있다. 예를 들어 깊이 5000미터 적도 바다에는 주먹 크기의 망가니즈단괴가 깔려 있다. 단괴가 아주 많은 곳에는 해저 1제곱미터에 15킬로그램이 넘게 깔려 있다. 망가니즈단괴는 주성분이 망가니즈이지만 크롬, 니켈, 구리, 철, 코발트를 포함해 수많은 금속 원소가 섞여 있는 검은색 덩어리다. 그래서 망가니즈단괴를 흑진주라고 부르는 사람도 있다.

북동태평양 심해 탐사 현장(위). 수심 5000미터에서 한국해양과학기술원 심해저 자원연구팀이 건져 올린 망가니즈단괴(아래)

우리나라는 한국해양과학기술원이 지난 한국해양연구소 시절부터 오랫동안 탐사해 2002년 북동태평양 공해상에 7만 5000제곱킬로미터의 단독 개발 광구를 등록했다. 우리나라만이 개발할 수 있는 이 광구에는 5억 1000만 톤의 망가니즈단괴가 있다.

현재까지는 육지의 지하자원이 풍부해 바다에서 망가니즈단괴를 캐 올리지 않았으나 앞으로 국제 금속 가격이 올라가면 채광할 가능성이 있다. 더욱이 현재 육상에서 생산되는 금속의 상당량이 아프리카나 남아메리카처럼 정치 상황이 불안한 지역에 집중되어 있어 가격이 올라갈 가능성이 높다.

바다 밑에는 해저산이 많다. 해저산이란 주변 해저보다 약 1000미터 이상 솟아난 곳을 말한다. 해저산의 표면은 망가니즈각이라 불리는 금속 성분이 풍부한 두께 15~20센티미터 껍데기로 덮여 있다. 망가니즈각은 망가니즈단괴와 성분이 약간 달라서 비싼 코발트가 더 많이 섞여 있다.

망가니즈각은 망가니즈단괴보다 더 얕은 곳에 있어 개발에 유리한 점이 있다. 한편, 대부분의 망가니즈각은 공해가 아닌 영해에 있어 영해에 속한 나라가 찬성하면 채광할 수 있다. 해저산은 서태평양에 많기 때문에 망가니즈각도 그곳에 많다. 하지만 아직까지 망가니즈각을 채광하는 기업이나 국가는 없다. 채광 조건이 좋아도 아직은 망가니즈각을 개발할 만큼 육상자원이 모자라지 않기 때문이다.

또한 심해 열수분출공에도 광물자원이 풍부하다. 열수가 솟아나오는 열수분출공은 황과 철, 구리, 아연 같은 금속 화합물 성분이 있는 검은 굴뚝 모양인데, 이 굴뚝에 금, 은과 같은 귀금속 성분이 지각보다 많이 포함되어 있다. 예를 들어 금과 은은 각각 광석 톤당 5~30그램, 200~1900그램, 구리와 아연은 각각 톤당 광석의 1~15퍼센트, 4~36퍼센트 정도 있다. 여러 종류의 유용 금속이 섞인 광체를 다중(多重)금속황화물이라 부르며, 이런 광상을 해저열수광상(海底熱水鑛床)이라 한다.

수십 개가 넘는 굴뚝이 한곳에 모여 있는 경우도 있다. 1980년 갈라파고스 해저산맥 부근에서는 굴뚝 20여 개가 모여 있는 것이 발견되었다. 그 아래 묻힌 것으로 보이는 광체의 규모는 두께 40미터, 폭 195미터에 전체 길이는 무려 1킬로미터가 넘는다. 구리만 따져 봐도 20억 달러가 넘는데 이를 우리 돈으로 환산하면 약 2조 3000억 원에 이른다. 물론 이 가치는 국제 금속 가격에 따라 오를 가능성이 높다.

2010년대 들어 이 광상을 채광하려는 기업과 국가가 나타났다. 캐나다 광산회사 노틸러스는 2011년 초 파푸아뉴기니 정부로부터 20년간 유효한 해저열수광상 개발권을 얻었다. 해안에서 50킬로미터 정도 떨어진 이 광구의 넓이는 59제곱킬로미터이며 수심은 평균 1600미터이다. 노틸러스는 여기서 매년 광석 130만 톤을 채취해 구리 8만 톤과 금 20만 온스(6톤)를 포함한 여러 금속을 회수하려고 한다. 2013년 여름 현재, 구리와 금 1톤의 국제 가격은 각각 8000달러와 4000만 달러 내외이다. 그러므로 다른 금속을 제외한 구리 8만 톤과 금 6톤의 가치는 국제 시세로 적어도 8억 8000만 달러, 우리 돈으로 1조 원 정도이다.

러시아는 2011년 초 자국에서 가까운 대서양 중앙해저산맥 해저열수광상 탐사 계획을 국제해저기구(ISA)에 신청했다. 중국은 2011년 여름, 인도양 남서부 바다 1만 제곱킬로미터에 대한 독점 탐사권을 획득했으며, 프랑스는 2012년 대서양에 광구를 등록했다.

한국해양과학기술원 과학자들은 몇 년 전부터 남서태평양 통가왕국 부근 해저에서 해저열수광상을 찾고 있다. 2011년 4월에는 피지 제도 바다에서 3000제곱킬로미터 면적의 탐사권을 획득했다. 2012년 7월에는 국제해저기구에 인도양 공해 지역의 1만 제곱킬로미터를 광구로 등록했다. 한마디로 경기도만 한 면적의 해저열수광상 자원을 우리가 개발하게 된다. 최근에는 통가 주변 해역에서 해저열수광상 경제성 평가를 위해 시추 작업을 계획하고 있다.

바다 밑 진흙에도 엄청난 양의 지하자원이 있다. 바로 홍해와 태평양 바닥에 있는 진흙이다. 홍해는 2500만 년 전 아프리카 대륙과 유라시아 대륙이 벌어지기 시작하면서 생겨난, 길고 좁지만 3000미터가 넘는 상당히 깊은 바다이다. 홍해가 생기면서 마그마가 솟아났고 바닥에는 마그마에서 침전된 금과 은, 망가니즈, 구리, 코발트, 철, 아연의 황화광물 같은 금속 성분이 섞인 두꺼운 진흙층이 생겼다. 그런 진흙층의 단면을 보면 백색, 흑색, 적색, 녹색, 청색, 황색 등 다양한 색으로 두툼한 떡이 층층이 쌓인 것처럼 보인다. 진흙층이 깔려 있는 곳은 다른 곳보다 깊고 수온과 염분이 높다. 현재 홍해 바닥에 이런 곳이 두 군데가 발견되었다. 이곳은 주위보다 300미터 정도 더 깊고 수온은 섭씨 44.6도로 홍해의 표면 수온 섭씨 29도보다 훨씬 높다. 또 염분은 바닷물 표면 염분의 10배 정도나 된다. 진흙은 검은 기름 덩어리처럼 보이며 섭씨 약 56도이다. 이 진흙은 보물 덩어리 그 자체로, 표면 10미터만 걷어 올려 개발해도 수십억 달러, 우리 돈으로 수조 원에 이르는 막대한 가치가 있다.

해양학자들은 해저가 확장되면서 금속 진흙이 생긴 것으로 보기 때문에 해저가 확장되는 곳에서 발견될 가능성이 높다고 생각한다. 실제로 해양학자들의 말처럼 대서양, 태평양, 인도양의 해저가 확장되는 곳에서 금속 진흙을 발견했다. 이러한 진흙은 해저가 확장되는 곳에서부터 아주 먼 곳에서도 발견되었다. 해저가 확장되면서 생긴 진흙이 확장되는 해저를 따라 멀리까지 갔던 것이다.

태평양 바닥의 진흙에 있는 자원은 2011년 여름에 발견되었다. 일본 도쿄대학 연구팀이 하와이와 타히티 섬 일대 수심 3500~6000미터 해저의 두께 2~70미터 진흙에서 엄청난 양의 희토류를 확인한 것이다. 보도에 따르면 1100만 제곱킬로미터에 걸쳐 900억 톤 정도가 매장된 것으로 알려졌다. 이 양은 육지에 매장된 양의 약 800배에 달한다. 해저 화산 폭발에서 나온 점토 광물 성분이 바닷물 속에 녹아 있는 희토류를 흡착해서 침전한 것으로 추정된다. 희토류는 전자 장비와 전기 자동차에는 없어서는 안 될 아주 중요한 원료이다. 거의 대부분을 중국에서 공급하고 있는데, 중국도 그 가치를 알기 때문에 공급을 조절하고 있다.

흙탕물 일으키지 말고

자세히 알아보기

해저광산의 역사는 아주 길다. 1870년대 세계 일주를 하면서 깊은 바다를 탐사하던 영국의 챌린저(HMS Challenger)호가 망가니즈단괴를 처음 채집했다. 홍해 바닥에서 금속이 섞인 뜨거운 진흙은 그 이후 거의 100년 만인 1965년에 시추되었다. 그리고 21세기에 들어 다중금속황화물에 이어 희토류가 발견되었다.

이것들을 개발할 때 발생하는 환경 문제는 크게 2가지이다. 첫째, 바닥에서 긁어 올릴 때 생기는 흙탕물이 바다 환경에 미치는 영향이다. 망가니즈단괴나 금속이 섞인 진흙을 긁어 올리거나 망가니즈각을 벗겨낼 때 생기는 흙탕물이 주변 생태계에 나쁜 영향을 미칠 게 분명하기 때문이다. 둘째, 긁어 올린 단괴나 망가니즈각 가운데 쓸모없는 찌꺼기를 버리는 일이다. 바다에 다시 버리면 환경에 영향을 미칠 것이다.

한국해양과학기술원을 비롯한 세계 여러 나라의 해양 연구기관에서는 망가니즈단괴나 열수광상, 망가니즈각 채광이 주변 생태계에 미칠 영향을 고려하여, 환경 피해를 최소로 하면서 자원을 개발하는 방법을 연구하고 있다. 예를 들어 흙탕물을 가장 덜 일으키면서 채광하는 방법과 장비를 연구하고, 찌꺼기를 수심 1000미터 정도 되는 산소가 가장 적고 생물도 가장 적은 곳에 버릴 방법을 연구하고 있다.

바다에서 얻을 수 있는 미래의 물

바닷물이 식수가 될 수 있다는 것은 앞에서도 이야기했다. 중동 산유국들처럼 바닷물을 이용해 물을 만드는 데 필요한 전기를 공급할 만한 나라들은 바닷물을 마실 물로 만들고 있다. 태양 에너지나 풍력 에너지를 이용하면, 산유국이 아니더라도 바닷물에서 민물을 만드는 나라가 많아지고 만드는 물의 양도 점점 늘어날 것이다. 적은 에너지로 많은 물을 생산하는 기술을 개발해야 하는 것은 물론이다.

우리 속담에 "물 쓰듯이 쓴다"는 말이 있다. 무엇이든 아끼지 않고 함부로 사용할 때 쓰는 표현이다. 지금껏 우리는 물을 그야말로 물 쓰듯이 써왔다. 하지만 앞으로는 사정이 달라질 것이다. 현재 우리나라의 경우 연평균 강수량이 세계 평균의 1.4배이며, 1인당 이용 가능한 물의 양은 세계 129위 수준이다. 그러나 비가 주로 여름에 내려 이용 가능한 물은 전체 강수량의 27퍼센트에 지나지 않는다. 우리나라는 2060년이면 물이 상당히 모자라게 된다는 조사보고서도 있다.

물은 앞으로 아메리카 대륙과 유라시아, 서부 아프리카 몇 나라를 제외하고는 인류에게 가장 부족한 자원 중 하나가 될 것이다. 물 전문가들은 2024년 세계 인구 80억 명 가운데 31억 명이 물 부족을 경험할 것으로 내다본다. 그러므로 날씨와 기후가 바뀔 것을 예측해 물에 대한 인식을 달리하고 물을 관리하는 것이 아주 중요하다. 물을 만드는 것도 중요하지만, 있는 물을 아껴 쓰는 것은 더 중요하다.

우리가 바다를 보존해야 하는 이유

산업이 발달하고 국가 간 물자교류가 많아짐에 따라 해양 환경은 점차 나빠질 가능성이 높다. 물론 그런 것을 예상해서 수질을 보호·개선하고, 바다 환경을 보호하기 위한 규제를 강화하며, 국민의 의식을 변화시킨다면 나아질 수 있겠지만 그러기까지는 시간이 꽤 걸릴 것으로 생각된다.

해양 환경이 좋으려면 첫째, 강에서 흘러드는 물의 수질이 좋아야 하고, 둘째, 바다 자체의 환경을 깨끗하게 해야 한다. 그러려면 먼저 가정이나 공장, 목장에서 하천으로 흘려보내는 물의 수질에 관한 규제를 마련하고 이를 잘 따라야 한다. 수질을 보호하는 규정을 지키려면 더러운 물을 깨끗하게 정화하는 기술과 시설이 갖춰져야 한다. 또한 바다를 오가는 모든 배가 바다를 더럽히지 말고, 바다에 쓰레기를 버리면 안 된다.

깨끗한 바다를 만들고 지키려면 무엇보다도 우리의 의식 수준이 높아야 하고 환경을 보호하려는 굳은 의지가 필요하다. 조금 불편하더라도 자발적으로 규정을 지키려는 의지가 무엇보다 중요하다.

지구 표면의 70퍼센트를 차지하는 바다가 인류의 생활 터전인 것은 확실하다. 인류는 생존을 위해 바다에 더욱 의존할 것이며, 바다의 중요성은 한층 커질 것이다.

아직 우리는 바다라는 대자연을 잘 모른다. 잘 모르면서 함부로 훼손하고 있는 것은 아닌지 돌아봐야 한다. 바다는 일단 훼손되면 복원하는 데 많은 노력과 시간이 필요하다는 것을 우리는 경험으로 알고 있다. 우리뿐만 아니라 후손 대대로 바다의 혜택을 누리기 위해서는 바다가 언제나 건강하도록 보살피고 사랑해야겠다. 바다를 사랑하려면 바다와 친해져야 하고 그러려면 호기심을 가지고 바다의 아름다움과 신비로움을 찾아내야 한다.

찾아보기_

▶ 사진 및 그림 인용 출처

26쪽 서해안과 동해안의 조차와 조간대 비교

『바다의 맥박 조석 이야기』(이상룡·이석 지음, 2008년), 41쪽

27쪽 중국 첸탄 강

『바다의 맥박 조석 이야기』(이상룡·이석 지음, 2008년), 117쪽

30쪽 시화호조력발전소

『바다가 만든 자연에너지』(이광수·박진순 지음, 2013년), 57쪽

50쪽 산호초가 생기는 원리

『바다의 정글 산호초』(한정기·박흥식 지음), 2008년, 45쪽

학문과 대중, 인문과 과학의 소통을 꿈꾸는 지성사의 책

청소년을 위한 과학 읽기

감염병과의 위험한 동거

2020년 전 세계를 초토화한 코로나19를 비롯해 끊임없이 인류를 위협해온 에볼라, 디프테리아, 21세기 흑사병에 이르기까지 21세기 감염병에 관한 이야기다. 현재를 사는 우리는 바이러스와 세균 등 감염병을 일으키는 병원체를 완전히 없애는 것은 불가능하지만, 과학적으로 어떻게 안전하게 관리하며 함께 살아갈 수 있는지, 미래지향적인 시각으로 조망한 과학 교양서다.

김영호 지음 | 153×217 | 248쪽 | 19,000원

* '책으로 따뜻한 세상 만드는 교사들'(책따세) 추천도서, 학교도서관저널 추천도서, 세종도서 교양부문 선정, 대한민국 독서대회 선정

과학비빔밥(전 3권)

'과학을 보는 인문의 눈'
생물학자 권오길의
맛있는 생물 에세이!

오묘한 생물의 세계를 체계적으로 안내하며 대중과학의 친절한 전파자로 활약하고 있는 생물학자 권오길이, 우리 청소년들을 위해 인간, 동물, 식물에 깃든 인문·역사·과학·자연·인간사 이야기들을 세 권(인간 편/동물 편/식물 편)의 생물 에세이로 펴냈다.

'과학비빔밥' 시리즈는 21세기 과학기술의 시대를 살아가는 데 꼭 필요한 인문적 소양을 쌓게 하며, 과학 지식을 설득력 있게 전달하는 '과학 글쓰기'의 기초를 다져준다.

과학비빔밥 1(인간 편) 142×205 | 240쪽 | 19,000원
과학비빔밥 2(동물 편) 142×205 | 280쪽 | 19,000원
과학비빔밥 3(식물 편) 142×205 | 240쪽 | 19,000원

물리학자의 시선

물리학에 기여한 실험들의 배경과 원리, 과정과 결과에 대한 지식을 총정리했다. 저자는 매 장마다 실험과 원리를 소개하며 '노벨상은 복잡하고 어려운 실험이나 원리를 발견한 사람이 받는 것이 아니다'라고 강조하고 있다. 또 책을 읽는 독자들이 어렵게 느끼는 물리학을 쉽게 풀어내는 동시에 왜 '기본'이 중요한지 알려준다. 이 책은 물리학에 대한 흥미와 이해를 높이고 노벨상에 대한 꿈과 희망을 가질 수 있도록 도와주는 안내서이다.

김기태 지음 | 153×220 | 272쪽 | 19,000원

비행기를 만든 사람들

비행의 비밀을 발견한 라이트 형제, 라이트 형제 이전에 하늘을 날았던 비행선의 아버지 체펠린, 미국 해군 항공의 아버지 커티스, 50세에 항공 산업에 입문하여 완전금속비행기를 개발한 융커스, 혁명의 시대를 거쳐 헬리콥터의 아버지라 불리는 시코르스키, 불멸의 전투기를 개발하여 위기에 빠진 조국을 구한 미첼, 미국 항공 기술을 주도한 노스럽과 켈리 존슨 등 주요 인물 12명, 그리고 초기 항공기 개발사의 주역들을 만날 수 있다.

유지우 지음 | 153×220 | 224쪽 | 18,000원

* 행복한아침독서 추천도서

생물학자의 시선

우리에게 친숙한 다윈을 비롯해 오파린, 갈디카스, 왓슨과 크릭, 도킨스 같은 생물학자들은 어떻게 역사에 남을 위대한 과학적 발견을 이루었을까? 그것은 남들과 다른 능력 때문이 아니라 1퍼센트의 작은 시선(觀, insight)의 차이가 만들어낸 결과이다. 이 책은 단순히 과학자의 업적에 초점을 맞춘 기존의 책들과 달리, 8명의 천재 과학자들이 공통으로 가진 '결정적 시선'을 파악하여 새로운 방식으로 소개해준다.

최섭 지음 | 153×220 | 280쪽 | 19,000원

* 한국출판문화산업진흥원 선정 우수출판콘텐츠, 제18회 대한민국 독서토론 논술대회 선정도서

134340 플루토, 끝나지 않은 명왕성 이야기

비운의 '명왕성'을 찾아 떠나는 흥미로운 물리 이야기이다. 우주로켓과 우주엘리베이터, 무중력 환경의 우주선 생활, 우주공간에 존재하는

온갖 위험에 대처하는 방법과 우주선이 명왕성에 도달하기 위해 필요한 기술 등, 청소년들의 관심과 흥미를 끌 수 있는 요소들이 가득하다. 다양한 물리 실험을 바탕으로 한 과학 이야기는 과학 하는 즐거움과 생생한 현장감을 느끼게 한다.

김상협·정상민·김홍균 지음 | 170×225 | 272쪽 | 19,000원
* 행복한아침독서 추천도서

인체기행

우리는 우리의 몸에 대해 얼마나 알고 있을까? 눈, 코, 입에서 출발한 인체 탐방은 이내 우리 몸속 구석구석을 방문하며 궁금증을 풀어 준다. 마음의 본체는 심장일까 뇌일까, 사람은 언제부터 늙기 시작할까, 문신은 왜 지워지지 않을까를 비롯해 인간의 유전과 죽음에 이르기까지 인간과 관련된 모든 사항에 시선을 맞춘다. 실생활과 관련된 재미있는 인체 이야기와 우리도 잘 모르는 인체 이야기가 흥미롭게 펼쳐진다.

권오길 지음 | 153×224 | 344쪽 | 17,000원
* 서울시교육청 추천도서, 전국독서새물결모임 선정도서

자연과 생명에 얽힌 궁금증에 답하다!

박쥐는 왜?

알면 알수록 신비한 박쥐의 세계! 밤의 생태계에서 중요한 역할을 하는 박쥐! 현재 지구상에는 1,300종류 이상의 박쥐가 살고 있으며, 우리나라에는 23종류의 박쥐가 알려져 있다. 하지만 우리나라에 사는 박쥐들 대부분이 어디에서 살고 있고, 무엇을 먹으며, 새끼는 어떻게 키우는지에 대한 정보는 많이 부족하다. 이 책에는 그동안 어떻게 생겼는지조차 몰랐던 우리나라 박쥐들의 다양한 사진과 생태 정보를 담았다.

정철운 지음 | 173×230 | 128쪽 | 15,000원

달팽이는 왜?

알면 알수록 재미있는 달팽이 이야기! 스승과 제자 사이기도 한 우리나라 대표 '달팽이 전문가'인 두 저자가, 생생한 사진들과 풍부한 그림 자료를 비롯해 달팽이의 형태와 생태, 우리나라에서 볼 수 있는 달팽이, 오랜 세월 인간과 함께 살아온 달팽이에 관한 흥미로운 이야기를 알기 쉬우면서도 세세하게 들려준다. 달팽이를 좋아하고, 달팽이를 제대로 알고 싶은 사람이라면 초보자에서 마니아까지 재미있게 읽을 수 있다.

권오길·이준상 지음 | 153×220 | 184쪽 | 19,000원
* 학교도서관저널 추천도서

곤충은 왜? ❶생태편 ❷특징편

기막힌 재능, 독특한 전략, 곤충이 사는 법! 똥을 짊어지고, 장수말벌을 흉내 내고…. 메뚜기가 멀리 뛸까, 귀뚜라미가 멀리 뛸까? 곤충은 저마다의 방법으로 스스로를 지킨다. 또 누가 가장 사냥을 잘하는지, 누가 더 독특하게 생겼는지, 서로 대결을 벌이기도 한다. 저자는 오랜 시간 기상천외한 방법으로 최고의 전략을 쌓아온 온갖 곤충의 생태와 특징을 마치 곤충과 눈을 마주치고 있는 듯한 생생한 사진들, 그리고 자연을 사랑하는 따뜻한 문체로 풀어낸다. 이제 곤충은 배우고 외어서 아는 것이 아닌 함께 놀면서 친해지는 친구라는 것을 알게 될 것이다.

임권일 지음 | 170×220 | 각 권 208쪽 | 각 권 15,000원
* 우수환경도서, 학교도서관저널 추천도서

상어는 왜?

알면 알수록 재미있는 상어 이야기! 고래는 포유류인데 상어는 왜 물고기일까? 상어는 알을 낳을까, 새끼를 낳을까? 상어는 왜 '고추'가 두 개일까? 상어는 정말 사람을 공격할까? 위험한 상어를 만나면 우리는 어떻게 해야 할까? 지난 30년여 간 상어를 연구해온 저자는 상어에 관해 이미 알려진 정보를 정리하는 데만 그치지 않고, 직접 바다로 나가 현장에서 눈으로 보고 밝혀낸 상어의 비밀을 꼼꼼하게 기록했다.

나카야 가즈히로 지음 | 최윤·김병직 옮김 | 170×220 | 200쪽 | 13,000원
* 학교도서관저널 추천도서

남극은 왜?

남극에 대한 119가지 오해와 진실! 사람들의 관심만큼 세상에 잘 알려져 있지 않은 남극에 관한 이야기와 잘못 알려진 내용들을 묻고 답하는 형식으로 꾸민 남극에 관한 이야기이다. 세종기지 월동대 대장으로 남극에서 네 번이나 겨울을 보냈으며, 오랫동안 극지 연구를 해온 '남극박사' 저자가 남극의 자연과 생물 그리고 그곳에 사는 사람과 환경 등 남극에 관한 모든 궁금증을 해결해 준다.

장순근 지음 | 153×220 | 232쪽 | 17,000원
* 행복한아침독서 추천도서

수수께끼로 가득 찬 비밀에 접근하다!

실러캔스의 비밀 _살아 있는 화석 물고기

약 4억 년 전 지구상에 처음 나타난 실러캔스는 1938년, 남아프리카 찰룸나강 하구 부근 바다에서 어부들에 의해 처음 포획되기 전까지는 멸종 물고기로 알려져 있었다. 하지만 실러캔스는 살아 있었다!

이 책은 실러캔스라는 이름은 들었지만 어떤 생물인지 잘 모르는, 또는 실러캔스에 관심이 많은 이들을 위해 실러캔스 발견의 역사와 알려지지 않은 독특한 생태, 오늘날 멸종 위기에 처한 현실 등을 알기 쉬우면서도 깊이 있게 설명했다.

장순근 지음 | 170×220 | 184쪽 | 19,000원

공룡알 화석의 비밀

각 공룡에 관한 정보를 개별적으로 소개하는 일반 책들과는 달리 공룡의 둥지라는 '생흔 화석'에 주목한 책이다. 지질학자이자 화석 전문가인 저자는 이 책에서 우리나라를 비롯해 세계 각지에서 발견되고 있는 대표적인 공룡알과 둥지 화석을 살펴, 아주 오래전에 둥지에서 일어난 일들을 상상의 날개를 펼치면서 마치 퍼즐 맞추듯 상세하게 설명한다.

장순근 지음 | 170×220 | 184쪽 | 17,000원

* 세종도서 교양부문 선정, 학교도서관저널 추천도서

생물, 그들에 대한 이해

거의 모든 것의 바다

2,300회 바다를 오가며 바다생물들의 삶을 사진과 글로 담아 바다의 아름다움과 생명력을 전하는 수중 탐사 기록이다. 우리나라 전 연안과 남극과 북극 그리고 세계 20여 개국의 바다를 누비며 만난 생명체들이 한곳에 모였다. 경이로움의 세계 바다 이야기를 시작으로 바다를 대표하는 어류의 독특한 생태와 이름 유래, 어류 외에 드넓은 바다에 깃들여 사는 여러 바다생물과 파충류, 포유류, 해양 조류뿐만 아니라 염생식물과 바닷말의 현장감 넘치는 사진을 곁들여 온갖 이야기가 펼쳐진다.

박수현 지음 | 174×230 | 984쪽 | 100,000원

사계절 우리 숲에서 만나는 곤충

우리 숲에서 먹고, 짝짓고, 산란하는 곤충 삶의 현장 속으로! 사계절이 뚜렷한 우리나라에 무려 1만 6천여 종의 곤충이 살고 있다. 비록 열대몬순 지역의 곤충보다 크기가 작고 색도 화려하지 않지만 다양성 면에 서는 단연 앞선다. 그 많은 곤충들이 계절에 따라 숲에 나타나 온 힘을 다해 먹이 전쟁과 짝짓기, 그리고 산란이라는 일대사를 치르는 과정이 생생하게 펼쳐진다.

정부희 지음 | 170×220 | 336쪽 | 30,000원

* 올해의 청소년 교양도서

형태로 찾아보는 우리 새 도감

이 책의 구성과 활용 방법을 알면 이 땅의 새가 보인다! 10여 년 넘게 새를 관찰하고 기록해 온 노력의 결실이며, 좀 더 쉽고 정확하게 찾아볼 수 있는 새로운 형식의 도감이다. 자연에서 만나는 새들을 서식하는 장소에 따라 물새와 산새로 구분했으며, 외형적 실루엣으로 2차 분류에 활용할 수 있는 검색표를 실었다. 식별 가능한 동정 포인트 등 알찬 내용으로 자연에서 새를 조금이라도 더 쉽게 구별할 수 있게 구성했다.

김남일·김대환·박운남·박지환·박헌우·정진문·최순규 지음 | 144×225 | 640쪽 | 58,000원

신갈나무 투쟁기

이웃 식물, 곤충과 부대끼며 햇빛, 물을 얻기 위해 싸우는 신갈나무의 일대기를 소설 형식으로 쓴 자연과학계의 스테디셀러이다. 우리나라 숲의 주인공으로 자리 잡아가고 있는 신갈나무의 탄생과 성장, 그리고 죽음에 이르기까지 나무의 일대기를 바탕으로 식물 간의 치열한 생존 경쟁 현장을 생동감 있게 묘사한다.

차윤정·전승훈 지음 | 153×193 | 304쪽 | 16,800원

* 우수과학도서, 책따세(책으로 따뜻한 세상 만드는 교사들) 선정도서, 한국독서능력검정시험 대상도서(6급), 한국간행물윤리위원회 선정 이달의 읽을 만한 책

생태 관찰의 미학

동고비와 함께한 80일

사랑의 참모습을 온몸으로 보여주는 동고비의 온전한 자식 사랑! 딱따구리 둥지로 찾아든 동고비 가족과 함께한 생명의 경이로움이 묻어나는 80일간의 동행 일기이다. 저자가 직접 찍은 300컷이 넘는 생생한 사진은 마치 눈앞에서 동고비의 번식 과정을 지켜보는 듯한 착각에 빠져들게 한다.

김성호 지음 | 193×248 | 288쪽 | 28,000원

* 우수과학도서, 우수환경도서, 올해의 청소년 추천도서, 책따세(따뜻한 세상을 만드는 교사들) 선정 청소년 권장도서, 행복한아침독서 추천도서

까막딱따구리 숲

은사시나무 숲에서 벌어지는 때로는 치열하고 때로는 눈물겨운 새들의 생명 이야기! 까막딱따구리와 2년 동안의 만남을 기록한 번식 생태 관찰일기이자 그 숲에 깃들인 다양한 새들의 치열한 한살이를 보여 주는 자연 다큐멘터리이다. 그 어디에서도 볼 수 없는 자연의 속살을 엿보는 듯한 느낌을 안겨 준다.

김성호 지음 | 188×240 | 288쪽 | 30,000원

* 우수교양도서

천년의 기다림 참매 순간을 날다

예리하고 카리스마 넘치는 참매에 매료되어 오랜 기다림 끝에 포착한 8초의 순간! 8년이란 긴 시간 동안 여름이면 숲

속에서 둥지 앞을 지키고, 겨울이면 허허벌판 사냥터에서 참매만을 좇아 참매의 생태와 사냥 습성에 대한 기록과 사진을 담은 역작이다.

박웅 지음 | 187×224 | 348쪽 | 27,000원
* 우수환경도서

참수리, 한강에서 사냥하다

수도 서울을 가로지르는 한강과 최상위 맹금류 참수리와의 극적인 조합! 월동지로 한강 팔당지구를 찾아든 참수리를 4년 동안 관찰하면서 쫓고 쫓기는 치열한 생존의 순간에 위용 넘치는 한강의 사냥꾼 참수리들의 습성과 생태를 생생하게 기록했다.

박지택 지음 | 187×225 | 238쪽 | 19,000원
* 한국출판문화산업진흥원 선정 우수출판콘텐츠, 우수과학도서

개구리, 도롱뇽 그리고 뱀 일기

수원청개구리, 멸종위기종 금개구리의 짝짓기 장면, 강원도의 석회암 동굴에서 만난 꼬리치레도롱뇽 알, 그리고 대한민국 최초로 이끼도롱뇽 알에 이르기까지 고등학교 교사인 저자가 양서·파충류의 귀중한 생태가 담긴 관찰 기록 사진들에는 벅찬 순간과 함께 관찰의 즐거움이 녹아 있다.

문광연 지음 | 154×194 | 280쪽 | 18,000원
* 행복한아침독서 추천도서 | 학교도서관저널 추천도서

느끼며 배우는 과학

페트병 속의 생물학

생태계와 환경을 스스로 깨치는 생물학 실험 안내서! 버려진 페트병이나 필름 통을 멋진 실험 도구로 바꿔 생물 세계의 궁금증을 풀어 나가는 과정을 담았다. 아이디어가 기발하고 환경 교육 효과도 높은 이 책은 '손으로 눈으로 코로 입으로 그리고 마음으로' 과학을 경험하는 소중한 기회이며, 자신만의 생물학 지식을 갖출 수 있는 교과서이다.

엠릴 잉그램 지음, 김승태 옮김 | 210×297 | 128쪽 | 10,000원
* 간행물윤리위원회 청소년 권장도서

과학으로 만드는 배

과학의 바다에 배를 띄우고 미지의 세계를 항해하다! 배에는 어떤 과학적 원리들이 숨어 있을까? 갑판을 살짝 들춰내면 무수한 암호 덩어리인 배가 품고 있는 비밀의 열쇠가 하나씩 드러난다. 그 실마리는 바로 물. 물을 파헤치는 순간 배에 관한 모든 과학이 수면 위로 떠오른다. 물을 통해 배를 이해하고, 배를 통해 미래를 꿈꾸면서 상상을 현실화하는 과정이 담겨 있다.

유병용 지음 | 173×230 | 264쪽 | 14,900원
* 교보문고·네이버 선정–올해의 과학책 20선, 우수과학도서, 한국간행물윤리위원회 선정 이달의 읽을 만한 책, 올해의 청소년도서, 책읽는교육사회실천회의 선정 '2006 좋은 청소년책'

플랑크톤도 궁금해하는 바다상식

지구상에서 가장 큰 생태계이자 인류의 운명을 좌지우지할 에너지와 자원의 보고 바다!
예고 없는 지진이 발생하더니 쓰나미가 밀려오고, 지구온난화라더니 폭설과 한파가 기승을 부린다. 흔들리는 지구촌, 갈수록 심화되는 기상이변의 중심에는 언제나 '바다'가 있다. 이 책은 위기에 직면한 인류가 바다를 제대로 이해하고 활용하기 위해 반드시 알아야 할 과학 상식과 사회 이슈를 엄선해 담았다. 미래 환경문제의 대안을 어쩌면 바다에서 찾을 수 있을지도 모른다.

김웅서 지음 | 152×220 | 260쪽 | 18,000원
* 우수과학도서, 대한민국 독서토론, 논술대회 지정도서

우리말을 통해 과학에 호기심을 가지다

01 달팽이 더듬이 위에서 티격태격, 와우각상쟁

우리말 속담, 고사성어, 관용구에 깃든 재미있는 첫 번째 생물 이야기! "시치미 떼다"라는 말에 '시치미'는 무엇을 의미할까? 상황이 변해도 여전히 값어치 있는 것을 왜 "썩어도 준치"라고 하고, 염치없는 사람을 비꼬아 "빈대도 낯짝이 있다"라고 표현할까? 우리말에 등장하는 생물의 특성은 물론, 어떻게 생겨난 말인지 저절로 깨치게 된다.

권오길 지음 | 130×190 | 284쪽 | 14,500원
* 우수과학도서, 국립중앙도서관 사서추천도서, 올해의 청소년도서, 행복한아침독서 추천도서

02 소라는 까먹어도 한 바구니, 안 까먹어도 한바구니

우리말 속담, 고사성어, 관용구에 깃든 재미있는 두 번째 생물 이야기! 미꾸라지도 천 년이 지나면 정말 용이 될 수 있을까? 왜 쉴 새 없이 나불거리는 사람을 촉새 같다고 할까? 원앙은 정말 일편단심인 새인지, 돼지 위장을 왜 오소리감투라고 부르는지 등 생물의 특성을 자세히 설명한다.

권오길 지음 | 130×190 | 288쪽 | 14,500원
* 우수과학도서, 행복한아침독서 추천도서

03 고슴도치도 제 새끼는 함함하다 한다지?

우리말 속담, 고사성어, 관용구에 깃든 재미있는 세 번째 생물 이야기! 왜 재주가 뛰어난 사람을 '기린아'라고 할까? 닭

잡아먹고 오리발 내민다고? 우리말과 그 속에 담긴 생물들의 연관 관계를 풍부한 과학 지식과 더불어 저자의 생생한 경험까지 녹아내어 재미있고 알기 쉽게 설명한다.
권오길 지음 | 130×190 | 288쪽 | 14,500원
＊ 우수과학도서, 이달의 읽을 만한 책

04 명태가 노가리를 까니, 북어냐 동태냐

우리말 속담, 고사성어, 관용구에 깃든 재미있는 네 번째 생물 이야기! "아닌 밤중에 홍두깨" "족제비도 낯짝이 있다" "밸이 꼴리다"라는 표현은 어떻게 생겨난 말일까? 왜 뇌세포에 좋은 달고 맛있는 "엿 먹어라"가 욕이 되었을까? 이렇듯 생물에 빗대어 재미있게 표현한 속담을 살펴보면 지금 우리가 사는 환경이 어떻게 변화했는지 새삼 느낄 수 있다.
권오길 지음 | 130×190 | 288쪽 | 14,500원
＊ 행복한아침독서 추천도서

05 소나무가 무성하니 잣나무도 어우렁더우렁

우리말 속담, 고사성어, 관용구에 깃든 재미있는 다섯 번째 생물 이야기! "매화를 보다"라는 속담이 '똥을 누다'가 되는 이유를 옛 궁중의 화법에서 찾아보고, "메밀도 굴러가다가 서는 모가 있다"는 속담을 통해 우리가 흔히 먹는 메밀이 세모 모양이라는 상식을 일러주기도 한다.
권오길 지음 | 130×190 | 284쪽 | 14,500원
＊ 행복한아침독서 추천도서

06 눈 내리면 대구요, 비 내리면 청어란다

우리말 속담, 고사성어, 관용구에 깃든 재미있는 여섯 번째 생물 이야기! "터진 꽈리 보듯 한다"란 사람이나 물건을 아주 쓸데없는 것으로 여겨 중요시하지 않는 것을 비꼬는 말이다. 이처럼 우리의 삶과 말, 자연은 따로 떨어져 있지 않고 한데 묶여 있으니, 어쩌면 저자가 끊임없이 강조하는 뭇 생명들의 공생도 이와 크게 다르지 않겠다.
권오길 지음 | 130×190 | 296쪽 | 14,500원
＊ 행복한아침독서 추천도서

가볍게 과학에 흥미를 붙이고 싶을 때

과학으로 보는 바다 시리즈

01 미래 자원의 보물 창고, 열대바다

풍경에서 자원으로, 미래 자원의 희망으로 떠오른 열대바다 그리고 산호초!
박흥식·이희승 지음 | 203×203 | 128쪽 | 17,000원
＊ 우수과학도서, 행복한아침독서 추천도서

02 울릉도, 독도에서 만난 우리 바다생물

울릉도, 독도 연안에 기대어 살아가는 모든 바다생물을 담은 생태 화보집!
명정구·노현수 지음 | 203×203 | 132쪽 | 17,000원
＊ 올해의청소년도서

03 바다가 만든 자연에너지

친환경적 자연 여건을 이용하는 자연에너지, 조력과 조류 발전 이야기!
이광수·박진순 지음 | 203×203 | 136쪽 | 17,000원
＊ 우수교양도서

04 물과 땅이 만나는 곳, 습지

물과 땅이 만나는 곳, 습지가 보여주는 생명력 넘치는 아름다운 풍경!
김웅서 지음 | 203×203 | 132쪽 | 17,000원

06 바다에서 만나는 인공 구조물

자연 보존과 국토 개발이라는 양날의 칼, 해안 구조물의 이모저모!
조홍연 지음 | 203×203 | 108쪽 | 17,000원
＊ 행복한아침독서 추천도서

07 하늘에서 본 울릉도와 독도의 해양영토

울릉도와 독도의 아름다운 경관, 그 경관에 담긴 삶을 기록한 화보집!
김윤배·김성수 지음 | 203×203 | 132쪽 | 17,000원

08 대양 탐사 대항해에 도전하는 이사부호

바다 위의 해양과학 실험실 이사부호 대양 탐사 이야기!
김채수·강동진·노태근 지음 | 203×203 | 120쪽 | 17,000원

09 과학이 숨어 있는 바다의 미술관, 갯벌

자연이 빚어낸 바다의 거대한 미술관 갯벌에서 발견한 과학!
최현우·조홍연 지음 | 203×203 | 114쪽 | 17,000원

10 해양생물, 파란 세상에서 살아가기

파란 세상에서 깃들여 사는 해양생물의 탄생과 죽음 그리고 생존 전략!
박흥식 지음 | 203×203 | 120쪽 | 17,000원